岭南建筑丛书·第四辑

古代岭南
州府园林

林广臻　黎淑翎◎著

中国建筑工业出版社

图书在版编目（CIP）数据

古代岭南州府园林 / 林广臻，黎淑翎著.—北京：
中国建筑工业出版社，2023.6
（岭南建筑丛书.第四辑）
ISBN 978-7-112-28618-8

Ⅰ.①古… Ⅱ.①林… ②黎… Ⅲ.①古典园林—园
林艺术—研究—广东 Ⅳ.①TU986.626.5

中国国家版本馆CIP数据核字（2023）第065550号

　　本书主要针对惠州西湖、雷州西湖、潮州西湖、端州星湖、连州海阳湖、桂林西湖等古代岭南州府园林的历史发展进行研究和解读。全书从六个部分展开叙述，分别为：绪论，主要介绍关于岭南州府园林的基本概念；历时演进的城市风景，揭示了岭南州府园林营造的历时性特征；整体平衡的生态建构，指出了岭南州府园林生态性特征；经世致用的公共园林，指出了岭南州府园林的公共性特征；风景营造的主要内容；对后世园林营造的影响初探。本书适于高校、科研院所从事岭南古典园林理论、地景理论的相关实践者、理论研究者，岭南园林爱好者，地方政府部门以及岭南州府园林规划、保护、活化工作从业者阅读参考。

责任编辑：张　华　唐　旭
文字编辑：李东禧
书籍设计：锋尚设计
责任校对：王　烨

岭南建筑丛书·第四辑
古代岭南州府园林
林广臻　黎淑翎　著

*

中国建筑工业出版社出版、发行（北京海淀三里河路9号）
各地新华书店、建筑书店经销
北京锋尚制版有限公司制版
北京中科印刷有限公司印刷

*

开本：787毫米×1092毫米　1/16　印张：9　字数：194千字
2023年6月第一版　2023年6月第一次印刷
定价：**48.00**元
ISBN 978-7-112-28618-8
（40895）

总序

    文化是人类社会实践的能力和产物，是人类活动方式的总和。人的实践能力是构成文化的重要内容，也是文化发展的一种尺度。而人类社会实践的能力及其对象总是历史的、具体的、多样的，因此任何一种地域文化都会由于该地区独有的自然环境、人文环境及实践主体的不同而具有不同的特质。

    岭南文化首先是一种原生型的文化。它有自己的土壤和深根，相对独立，自成体系。古代岭南虽处边陲，但与中原地区文化交往源远流长，从未间断，特别是到南北朝、两宋时期，汉民族南迁使文化重心南移，文化发展更为迅速。虽然古代岭南人创造的本根文化受中原文化及海外文化的影响，却始终保持原味，并从外来文化中吸收养分，发展自己。

    岭南文化具有"亚热带与热带性"。在该生态环境下，使岭南有着与岭北地区显著不同的文化特征。地域特点决定了地域文化的特色，岭南奇异的地理环境、独特的人文底蕴，造就了岭南文化之独特魅力。岭南文化作为中华民族传统文化中最具特色和活力的地域文化之一，拥有两千多年的历史，一直以来在建筑、园林、绘画、饮食、音乐、戏剧、影视等领域独具特色，受到世人的瞩目和关注。岭南建筑作为岭南文化的重要载体，更是岭南文化的精髓。

    任何地方建筑都具有文化地域性，岭南建筑强调适应亚热带海洋气候，顺应沙田、丘陵、山区地形。任何一种成熟的建筑风格形成，总离不开四项主要因素的制约，即自然因素、经济因素、社会因素和文化因素。从自然因素而言，岭南地区丘陵广布、水网纵横、暖湿气候本来就有利于花木生长，山、水、植物资源的丰富性，让这一地区已经具备了先天的优良自然环境，使得人工环境的塑造容易得自然之惠。从经济因素而言，岭南地区的发展步伐不一，也间接在建筑上体现出形制、体量、装饰等方面的差异。而社会因素和文化因素影响下的岭南建筑，不仅在类型上形成了多样化特征，同时在民系文化的影响下，各地域的建筑差异化特征也得到进一步强化。生活在这块土地上的岭南人民用自己的辛勤和智慧，创造了种类繁多、风格独特、辉煌绚丽的建筑文化遗产。

    因此，从理论上来总结岭南地区的建筑文化之特点非常必要，也非常重要。而这种学术层面的总结提高是长期且持久的工作，并非短时间就能了结完事。"岭南建筑丛书"第一辑、第二辑、第三辑在2005年、2010年、2015年已由中国建筑工业出版社出版，得到了业内外人士的关注和赞许。这次"岭南建筑丛书"第四辑的书稿编辑，主要呈现在岭南传统聚落、民居和园林等范畴。无论从村落尺度上对传统格局凝结的生态智慧通过量化的求证，探寻乡村聚落地景空间和人工空间随时间演变的物理特征，还是研究岭南乡民或乡村社区的营建逻辑与空间策略；无论探讨岭南园林在经世致用原则营造中与防御、供水、交通、灌溉等生产系统的关系以及如何塑造公共景观，还是寻求寺观园林在岭南本土化、地域化下的空间营造特征等，皆是丰富岭南建筑研究的重要组成部分。

就学科领域而言，岭南民居建筑研究乃至中国民居建筑研究，在长期的发展实践中，已逐渐形成该领域独特的研究方法。民居研究领域已形成视域广阔、方法多元等特点，不同研究团队针对不同研究对象和研究目的，在学科交叉视野下已发展出多种特征。实时对国内民居建筑研究的历程与路径特色进行总结和提炼，也是该辑丛书分册中的重要内容，有助于推进民居建筑理论研究的持续深化。

无论如何，加强岭南建筑的理论研究，提高民族自信心，不但有着重要的学术价值，也有着重大的现实意义。

于广州华南理工大学民居建筑研究所

2022年11月25日

自序

　　风景园林的营造往往是盛世的产物，是王朝仁政、德政、惠政的化身。古代官员们投身州府城市近郊山水的治理，既服务于古代州府城市发展的需要，也寄托了自身的理想和人生价值。

　　岭南州府园林的形成有赖于城市水利设施的兴建，它的营建需要服从于城市防御、供水、交通、灌溉等城市生产的需要。城市水系建设涵盖农业生产、城市水利等内容，本质是一种公共产品，经风景化的营造组织，便迸发出极大的力量，成为连接各城市阶层的公共空间。城市水系建设结合风景园林建设，成为古代岭南城市的公共空间，塑造了动人的景观。

　　儒家、道家、释家三家的文化共同构成了中国传统文化的主体。三家的文化观念亦在岭南州府园林的营造中有所表达。岭南州府园林往往位于主要的州府之地，山水风景秀美，遂成为儒、释、道三家进行活动的主要场所。

　　古代州府城市对州府园林进行营造和管治有着完备的法律和行政体系，同西方的公园相比，州府园林公共性带有鲜明的中国古典特征；从历史形成和演化来看，亦可称之为一类"公家园林"。

　　古代岭南州府园林的发展，是古代人民群众的一种智慧。一方面，它是古代岭南州府城市的山水风景；另一方面，通过历时营治，人们赋予其复合的功能，形成了十分动人的景观效果。樵民自山上打柴负薪而归，游人行走于湖堤之上，渔民的唱和之声，农民的稻田劳作，共同融汇成一幅和谐动人的图景。

　　对于当下的城市发展而言，如何更好地审视城市的自然生态环境和城市发展之间的关系、岭南州府园林"城湖共进"的历史发展，有着极具价值的借鉴意义。

前言

　　岭南州府城市近郊的自然山水，经过一系列的整治和建设，逐步开始发挥其在城市生产、生活、生态等多方面的作用，并经过风景化的改造，成为古代岭南地区州邑近郊的风景区域，谓之"岭南州府园林"。

　　本书主要讨论了古代岭南州府园林形成演化的三个特性，分析了其作为大尺度风景建构的主要空间特征，及其对当代风景园林发展的启示。

　　古人很早就认识到，州府城市近郊自然山水是支持城市发展的关键，对它进行营治符合州府城市的根本利益。岭南州府园林的建设是一种历时性演化的结果，在与城市共振的过程中，逐步成形。通过对历时性演化的认识，本书建立了岭南州府园林历史研究的基本框架，并提炼了"发现""建设""游乐""传颂"的营造行为模式。

　　湖山与城相伴，二者在空间上相互影响，形成功能上相互渗透的生态关系。岭南地区地处亚热带，干旱和洪涝对州府城市的侵袭同时存在，而州府城市又往往处于河流转折之处，易受河水冲积。因此，对州府城市进行水利治理，建立一套行而有效的生态调蓄系统，既能保证城市的防洪要求，又能促进城市周边的农业生产，兼顾风景化改造的可能，成为岭南州府园林服务岭南州府城市及其居民的一个配套功能。

　　通过水利建设将位于城市近郊的自然水体进行管控，使其成为州府城市一个具有缓冲作用的生态蓄水区域。这个区域直接服务于城市的生态、生产和生活，成为古代岭南州府城市极其重要的基础设施：一是城市旱涝水利的调蓄；二是城市周边动植物的一个栖息地；三是对于城市的防灾有着重要的补充作用；四是城市内外物质交换的缓冲之地。岭南州府园林与岭南州府城市的物质生产紧密联系，园林兼具生产之功能。它也是古代岭南城市近郊农业生产的水源地，保障城市内外的饮用水安全，其山体湖泊本身有着生产的功能，通过和城市水系相结合，又承载交通功能。

　　古代岭南州府园林中的生产性景观，为我们揭示了一种可能，即风景园林的空间不单纯是一种仅供人们游玩赏乐的空间，亦可以容纳一部分生产功能。风景和生产的有机组织，使空间的景致具有更为动人的效果。

　　岭南州府园林的营造讲究经世致用，从不以"高雅""世俗"为界，而是贴近城市生产、生活的实际，根植于对岭南自然环境的适应和对岭南社会文化的呼应，成为古代城市公共生活的一部分。

岭南州府园林所处的州府城市近郊山水，是古代岭南城市营造、管治、使用的空间区域。针对这个区域持续进行的水利建设和农业生产，与所在州府城市的生产、生活产生密切的联系。由于贴近民生，湖山胜景服务于整个州府城市，令岭南州府园林的营建得到了广泛的社会参与和财政投入。

在山水之间进行营造，耗资巨大，同时牵涉公共利益，一般人无法对州府园林进行营造。经历代发展，形成了包括谪贬官员、行政主官、文人墨客为主体的营造队伍。这些人实质上都深受儒家教化，是带有"功名"的儒学信徒和官宦人士。

州府园林的建设为州府城市居民提供了公共的游憩之地，无论官宦还是平民，抑或外地人，男女皆可同游。为了宣扬各自的理念，儒、释、道三家纷纷修建了大量的建筑，大大丰富了岭南州府园林的空间形态，共同形成了州府园林中儒、道、释多元包容的文化空间。岭南州府园林承载着城市的世俗生活，无论是农业生产、城市水利、寺庙祠观、游赏玩乐抑或往生墓园，都与城市的世俗生活息息相关。

岭南州府园林的公共性特征具有鲜明的中国特色，是发轫于中国本土的古代公共园林营造，是一种具有中国古典特色的"公家园林"。

岭南州府园林是大尺度的风景园林空间，伴随着山水空间的收放转折，形成了隐蔽深邃的"奥"空间和高远开阔的"旷"空间。对这样的空间处理，要着重思考其山水本身奥旷交替的空间关系。

州府园林的水域宽广，山体绮丽，创造了多样的空间格局。对州府园林进行风景建设，主要是通过汀岸、洲岛山、堤桥、亭台楼阁等风景营造要素的组合和构成来划分水域，营造景观。这形成了"汀岛桥亭"的基本营造范式，极大地丰富了州府园林的景观层次。

构成岭南州府园林多元的景致要素，山川、天地、日月、飞鸟、莲蒲等都是景致构成的一部分。日月四时常替，天气变化万千，由于时间的流动，这些景致又有着十分动人的物相变化。这是一种全天候、全时段的风景游览体验。

岭南州府园林的建筑、植物、品题等营造，都有着特定的文化内涵。营造多种多样的风景建筑，一方面完善了景观空间格局，另一方面提供了使用功能，从而创造了优良的景观空间。其中的建筑类型虽然形式多样，但通过巧妙的安排，将其恰到好处地融入了山水之间。岭南气候雨水充沛，十分适合植物生长，因此岭南州府园林内的风景植物繁多，四季繁花。历史上亦有许多名人墨客为州府园林品题景致，惠州西湖、潮州西湖等均八景品题。

岭南州府园林的营造和管治实践伴随着古代岭南城市、社会的不断变迁，沿着特定的历史脉络不断迭代发展，周而复始地服务着州府城市及其居民，其在古代社会的实践中体现的公共性特征，充分反映了我国古代劳动人民卓越的人居环境智慧。

目 录

第一章

绪论

中国古典园林研究始于20世纪初，最早进入园林研究者研究视域的古典园林是以苏州私家园林为代表的江南园林和北方皇家园林，随后，岭南园林也逐步展开了早期的研究历程。20世纪五六十年代，夏昌世、莫伯治等老一辈岭南园林学者，在针对岭南古典私家园林的研究中，逐步形成了岭南庭园的学术概念，确立了早期岭南园林研究的主要对象。

近年来，越来越多的研究者关注于岭南古典园林的研究，并刊发、出版了许多关于岭南园林研究的论文和书籍。但是，受制于三个方面的原因，岭南古典园林的理论研究正在寻找新的突破点。第一，岭南园林现存的遗迹、考古资料及历史文献比较有限，留存的完整实例较少、较小；第二，园林理论体系不足，囿于研究对象少且普遍集中于尺度十分小的私家园林，多数研究反复纠缠于若干个案和实例；第三，缺乏诸如《岭南园林史》一类能高度概括总结的系统性理论书籍，多数研究普遍偏于资料介绍。

第一节

岭南州府园林的基本概念

岭南园林的理论建构，主要集中在尺度较小的岭南庭园理论上，这些成果被广泛应用于当代岭南建筑和园林设计之中。对于大尺度的园林实践，特别是一些同城市山水尺度相结合的园林实践，古典的岭南园林理论往往不能起到很好的统合作用。"州府园林"这个概念的提出，正好回应了这个问题。

时至今日，风景园林学科的外延和内涵都发生了实质性的变化，从更加宏观的角度出发，理解人与自然的相互关系已是风景园林学科内涵的组成。因此，传统园林理论研究的相关内容也需要扩展，把研究的视野转向更加广阔的自然山水之间，捕捉古人对于自然山水营造、管治的见解和思考，从而为今天的城市建设和风景园林发展提供更好的理论支撑。

英文"Landscape"一词，国内学术界将其统一翻译成"风景园林"。从词语直接的意思来理解，"Landscape"一词可以直接理解为"地上的风景"，几乎可以将地表上所能看到的一切事物都列入"Landscape"的范畴，是一个内涵丰富而外延广阔的名词。对应的中文"风景园林"一词，实际上是一个被创造出来的复合名词，是"风景"和"园林"两个词的合并。在中文的语境中，我们常常谈论的园林对应的英文其实是"Garden"，"园林（Garden）"是一个人工构筑，并模仿自然的产物，是一个尺度较小的概念，如中国古典私家园林中所强调的"虽由人作，宛自天开"的建设理念。风景对应的其实是英文中"Scenery"的概念，更多的是对某一个场景的描述，既可以有人工的部分，也可以有自然的部分，如各个地方城市著名的八景系列。"风景园林"一词的中文翻译很好地融合了中英文语境下的理解偏差，十分准确地把握住了英文"Landscape"一词所表达的含义。

现代意义的风景园林（Landscape）的理论建设，大量吸收了生态建构、土地利用、空间规划、形态设计、种植绿化、行为心理等诸多学科领域中关于空间建构的手段和方法，研究对象几乎囊括了地表上所能看到的一切。

综上所述，"岭南州府园林"中的"园林"所指向的并不是"园林（Garden）"，而是指古代岭南州府城市周边所形成的一个被特别定义的"风景园林（Landscape）"——我国古代凭借岭南州府城市近郊的自然山水本底，依托城市水利建设，以历史演进的营建方式，形成具有一定城市配套功能的风景园林空间，统称为岭南州府园林（Lingnan Municipal Landscape）。

而之所以将州府翻译成"Municipal"，则是为了体现岭南州府园林具有公共性、生态性等特征的城市配套功能。针对中国古代城市近郊的大型山水园林，风景园林学术界尚未有相对统一的名称，比较常见的有山水园林、郊邑园林、公共园林等提法，这些提法都仅反映了此类园林的部分特征，山水园林一词反映的是依山傍水的自然形态，郊邑园林一词反映的是此类园林与城市的相对关系，公共园林一词反映了此类园林的公共属性。诚然，这些命名都反映了此类园林的某类特性，而岭南州府园林的提法则能够较为全面地反映了此类园林的诸多性质。

岭南州府园林在风景园林的形态和功能上，恰如其分地匹配了州府城市在政治、经济、社会的空间需求，其与州府城市生态、生产、生活的关系十分密切，它的尺度宏大、空间多样，使得岭南州府园林成为反映岭南城市建设与发展不可多得的研究对象。

尺度上，岭南州府园林将岭南园林的研究视域从尺度较小的园林（Gardens）扩展到风景园林（Landscape）。

性质上，岭南州府园林处于城市近郊的风景优美地段，因水利兴修而产生，先天就具有公共之意义，之后经由风景建设转化为风景绝佳、公共开放的城市风景园林。

近年来，随着城市持续发展和边界不断扩张，以及风景园林学科构成的日益多元化，越来越多的风景园林研究者，将研究视域投向城市近郊的大型山水园林。将岭南州府园林作为岭南园林的一个常规研究对象，对于岭南大尺度自然山水园林和岭南公共园林的研究而言，都具有较大的意义。

岭南地区山水发育概述

  岭南是一个地理历史概念，起源于唐代沿南岭所设的岭南道，大致包括今广东省、广西壮族自治区、海南省、香港特别行政区、澳门特别行政区。现代地质研究表明，远古时期岭南地区东部和南部沿海地区曾发生多次地质升降运动，数度海浸，形成了复杂的地貌。岭南北部沉积了大量的石灰岩，相应出现了喀斯特峰林地貌和石灰岩植被。红壤分布于岭南北部和低山丘陵区，赤红壤分布在今湛江—吴川—电白一线以北和怀集—英德—新丰—大埔一线以南。砖红壤分布在雷州半岛、海南岛东部和岭南北部的台地、低丘陵地，燥红土仅出现在海南岛西南部。

  唐代刘恂在《岭表录异》中，对岭南的地形做了一个概括描述，"岭表山川，盘郁结聚，不易疏泄，故多岚雾作瘴"①。其反映了岭南的地形地貌连山盘聚，这样的山势在唐代李渤的《司空侯安都庙记》中有具体描述："山之盘薄方广，义八百余里；峻极崇高，几五千仞。"②这说明了岭南北部的地貌特点，山的底盘较薄，连绵几百里，但是山势比较陡峭。唐代柳宗元在《桂州裴中丞作訾家洲亭记》中写道，"桂州多灵山，发地峭坚，林立四野"，这样的地貌形势说明了岭南北部至西部桂林一带喀斯特峰林地貌的特点。

  除了北部的喀斯特地貌，岭南还有气势磅礴、连绵不断的山势，如柳宗元《邕州柳中丞作马退山茅亭记》所作："是山崒然起于莽苍之中，驰奔云矗，亘数十百里，尾蟠荒陬，首注大溪，诸山来朝，势若星拱，苍翠诡状，绮绾绣错。"从中可以看出岭南西部往交州部的地形地貌特点，山势较为磅礴。

  岭南地区位于北回归线附近，地处热带、亚热带，太阳高度角较大，太阳辐射较强，温度较高。岭南地区南面临海，降水丰富，夏季盛行东南季风，冬季受西北季风的影响，是明显的热带和亚热带海洋性季风。

  唐代孙思邈在医书《备急千金要方》中对自江南至岭南的区域气候特征总结为湿热——"江南岭表，其地暑湿"。由于全年气温较高，岭南被称为"炎州"，如李群玉在《将之番禺留别湖南府幕》中有描述，"驿路南随桂水流，猿声不断到炎州"。"炎地"是古代岭南文献里一个常见词汇，反映了岭南气候温度较高的特征。除此之外，"瘴气"也十分常见。"瘴气"是古代文献中对岭南气候记录比较多的词，古人闻之极为恐惧。

① （唐）刘恂；鲁迅，杨伟群，点校. 历代岭南笔记八种 ［M］. 广州：广东人民出版社，2011：47.
② （唐）李渤. 司空侯安都庙记 ［A］// （清）董诰，等. 全唐文 ［G］. 北京：国家图书馆馆藏本：卷712.

岭南的气候特点,比较容易造成旱涝灾害。一方面是天气炎热,旱灾的情况时有发生。岭南天气炎热在唐宋诗人的名篇中多有提及,明代高僧释德清谪贬雷州,"天南风物,迥异中州,四时之气,亦不与天地准。如乾之纯阳,变而为离,离火方也。万物皆相见,郁为炎热"。[①]另一方面,由于丘陵山地较多,河流盘山流动,构成了密布岭南的水网。上游的河流呈扇形向下游的平原地区流动,常年不冻而流水不断。

古代岭南的水利设施还不完善,当遭遇持续性暴雨时,就十分容易形成山洪,进而造成下游平原地区的洪涝灾害。洪涝灾害对地方州府城市的发展和周边的农业影响巨大。宋代以后,岭南主要州府周边大面积城市的水利设施建设,对于减缓洪涝灾害,起到了积极的作用。

岭南地区沿海,台风较多,据刘恂的《岭表录异》卷上记载,"南海秋夏,间或云物惨然,则其晕如虹,长六七尺。比候则飓风必发,故呼为'飓母'。忽见有震雷,则飓风不能作矣。舟人常以为候,豫为备之。"[②]台风对建筑、农作物、航海航行等都造成了危害,而且台风的频率高时,可高达一年两三次,"恶风谓之飓。坏屋折树,不足喻也。甚则吹屋瓦如飞蝶,或二三年不一风,或一年两三风。"[③]

第三节

现存主要岭南州府园林实例

古代岭南地区经济、社会发展条件较为优越的主要州府,城市近郊山水风景依托山水形胜,随着水利设施的兴建而开始逐步发展,园林特色逐步强化,最终形成一种兼具生产、生活和休憩游赏的园林景观。

从岭南州府园林的发展历程来看,岭南州府园林在宋代之前逐步生成,宋代时逐步兴盛,元代以后发展呈现各自分化的特点,及至明清稳定成熟。现存较为完整并仍然能够体现其空间特色的岭南州府园林实例,主要有惠州西湖、潮州西湖、雷州西湖、端州星湖七星岩、桂林西湖、邕州南湖、琼州西湖等,见于记载的有广州西湖(药洲仙湖)、连州海阳湖等。

其中,惠州西湖、潮州西湖、雷州西湖、端州星湖七星岩、桂林西湖等五个案例,历史记载比较全面,空间格局保存较好。邕州南湖虽然有空间格局呈现,但是历史记载

---

① (明)释德清. 憨山老人梦游集 [G]. 北京:国家图书馆馆藏本:集17.
② (唐)刘恂;鲁迅,杨伟群,点校. 历代岭南笔记八种 [M]. 广州:广东人民出版社,2011:57.
③ (唐)刘恂;鲁迅,杨伟群,点校. 历代岭南笔记八种 [M]. 广州:广东人民出版社,2011:54.

较少。广州西湖（药洲仙湖），虽然记载较多，但是目前遗存很少。连州海阳湖在历史上有十分明确的记载，现仅遗存燕喜山一带石刻。琼州西湖仅余留观澜湖出口处十几亩水面，远不及其全盛时期的十分之一。

针对古代岭南州府园林的研究，主要从时间和空间两个维度展开：在时间上，对其历史发展脉络进行梳理；在空间上，对其主要空间格局进行归纳。每个岭南州府园林的典型实例，都有其自身特定的历史脉络和空间特点。大量古代官员、文人们参与了岭南州府园林的营治，留下了许多诗词文章，为我们一窥古代州府园林的空间特征提供了大量的历史材料。

第二章

历时演进的城市风景

岭南州府园林的建设伴随着古代州府城市的发展，园林空间的营造根植于古代岭南州府城市发展的需要。这种以历史演进为脉络的营造模式，呈现出很强的历时性特征。州府园林的演化实际上是城市演化的一个部分，人们在自然山水中发现风景的美，进而建设，再而对风景建设的成果进行总结和传颂。这样一个持续营治的过程，成为州府园林营造的主要方式。

第一节

历时演化的风景园林

一、历时性与共时性

历时性（Diachronique）和共时性（Synchronic）是瑞士语言学家费迪南·德·索绪尔（Ferdinand de Saussure）提出的一个现代语言学概念。索绪尔在针对不同时期的语言研究中，发现语言状态存在不同的历史状态，这样的现象在语言学研究中被长期忽略，于是提出了这两个相对的概念。简单来说，共时性关注组成语言系统各要素之间的静态关系，历时性则关注研究组成语言系统各个要素的时间演化。如图2-1-1所示，AB是时间轴线，abcd是一个时间切面中的系统。在历时演化里，abcd演化成了a′b′c′d′。只对abcd这个系统进行研究，就是一个共时性的范畴。对a向a′进行研究，就是历时性的范畴。

这个概念的提出，使研究者很好地区分了当下和历史、要素和系统之间的关系，对

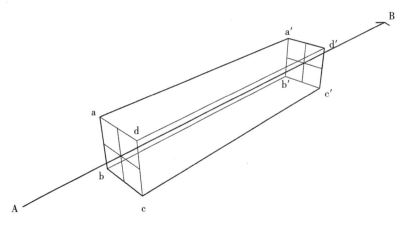

图2-1-1 历时性与共时性图解

于现代语言学的研究发展起到了推动作用，也被广泛应用于哲学、文学、建筑学等领域的研究。

对应到空间上，静止的空间状态和显著变化的空间状态，就是划分空间共时性和历时性的依据。空间上的共时性和历时性则分别指代空间的静止状态和空间的演化，更进一步地说，空间的共时性是指静止状态上组成空间各要素之间的关系，历时性是在历史时间演化中空间系统的各个要素的演化。

对于风景园林空间而言，毫无疑问，设计图纸上的风景园林空间是一个共时性的静态系统，而实际运行的风景园林空间带有鲜明的历时性特征。风景园林虽然是空间的产物，但是其对时间变化也最为敏感。一日之内，一年之间，每时每刻无不在产生极其复杂的物相变化。对于这些变化产生的景致的充分捕捉，才是风景园林营造的意境所在。当代中国风景园林的研究者中，同济大学冯纪忠先生率先指出了园林的共时性、历时性特征，并在上海方塔园的设计中付诸实践。

方塔园中最为著名的是何陋轩，何陋轩一如齐名，虽然没有很奇特的建筑造型和装饰，但是其随时而动的丰富物相变化，使其"何陋之有"？在何陋轩里，观者的空间感受每时每刻都在发生变化，这是古典园林最直接的精神表达。何陋轩把中国传统诗意的风景时空观和现代性的设计手法结合起来，取得了良好的空间效果。刘滨谊认为，"冯先生正是以一种新的方式把东方文化的时空观和现代性结合起来。更进一步说，是对中国传统文化诗意时空的着力强调与显现，也就是时空转换的理论和实践，在空间中更加强化对时间的解读"[①]。

长期以来，针对岭南园林共时性特征的研究较多，比如大多数岭南园林的研究都认为岭南园林吸收了岭南文化中兼容并蓄的特点。这个"兼容并蓄"的特点，在近代有，在古代也有，没有历时性的变化，这样的认识显然存在很大的问题。

风景园林的时空观念是历时性的，这个历时性包含两个层面的认识，一个是营建过程中的历时性演化，另一个则是使用过程中观念的转换，二者亦是相辅相成的。几乎所有州府园林的名称都经过了历时性的演化过程。名称的变化，是一个十分纯粹的语言上的历时性变化，却揭示了州府园林演化的历史内涵（表2-1-1）。

州府园林名称演化　　　　　　　　　　　　　　　　　　表2-1-1

州府园林	名称演化
惠州西湖	罗湖—鹅湖—丰湖—西湖
潮州西湖	恶溪—鸭溪—放生池—西湖
端州星湖	沥水—沥湖—星湖
雷州西湖	罗湖—雷湖—西湖

① 刘滨谊，唐真. 冯纪忠先生风景园林思想理论初探［J］. 中国园林，2014，30（2）：49-53.

州府园林	名称演化
广州药洲	药洲（南汉御苑）—仙湖—西湖—药洲（九曜石）—药洲遗址
连州海阳湖	海阳湖—北湖—燕喜园遗址
桂林西湖	隐山—西湖—隐山—西山
邕州南湖	邕溪—南湖
琼州西湖	顿崖潭—龙潭—龙湖—西湖

（资料来源：笔者综合整理）

　　端州星湖的七星岩虽然在今天广为人知，然而其称谓的演化经历了一个漫长的过程。七星岩在隋代之前被称为"定山石室"，"岭西山水之奇，此为第一，隋志谓之定山"[①]。到了唐代，《元和郡县志》记载七星岩，称其为"石室山"，"石室山在端州高要县北五里"[②]。及至宋代，七星岩仍然被称为"石室"。宋代《太平寰宇记》引《南越志》云，"高要有石室，自生风烟，南北二门，状如人巧意者，以为神仙之下都，因名为焉台。北海李邕有记，镌石存焉，即此碑。岩顶名嵩台，相传是天帝宴请百神之所"[③]。

　　直至北宋，"七星岩"一词才被康卫《题七星岩》所记。在此之前，人们关注的是七星岩的两个主要特点，一个是岩体中的大溶洞——石室，另一个是山顶中的平台——嵩台。人们并不是一开始就关注到七星岩的七个主峰恰如七星排列在湖中。这个演进的过程伴随着人们对于环境的具体感知同文化观念的不断互动发酵。到了清代，在鲁曾煜编纂的乾隆《广东通志》中，石室和七星岩还是均有描述，"又名沥水……环绕石室诸峯，有跃龙桥"，"连属嵩台七岩列峙如北斗状……沥湖环之，亦端州一奇观也"[④]。

　　直到清中后期的文献中，七星岩的名称才被确定下来，"七星岩在沥湖中，去肇庆城北六里，一曰冈台山一曰员屋七峰。两两离立，不相连属。二十余里间若贯珠引绳，璇玑回转，盖帝车之精所成，而沥湖则云汉之余液也"[⑤]。

　　纯粹基于语言上的分析，定山（定山石室）—石室山（嵩台）—七星岩这样一个演化过程，说明了人的认识首先是"定"在那里的大山，对其形态的具体特征不清晰。进而在定山中发现了石室，当石室成为这个山体的标定物时，石室山的称谓也就易于理解了。它被称为嵩台，必定是因人们登上了山的顶峰，发现了山顶上的大平台。至于它被称为七星岩，就充分说明了人们对其形态已经做了详细研究，具体到了每一个峰岩的研究。

　　对于风景的主体自然山水而言，数百年甚至上千年的演化是不足为谈的，而对于人

---

① （清）蓝鼎元. 鹿洲初集［A］//纪昀，等. 钦定四库全书［G］. 北京：国家图书馆馆藏本：卷10，望七星岩.

② （唐）李吉甫，等. 元和郡县图志［G］. 北京：国家图书馆馆藏本.

③ （宋）李昉，等. 太平御览［G］. 北京：国家图书馆馆藏本：卷172，州郡部18.

④ （清）郝玉麟，鲁曾煜，等，编纂；陈晓玉，梁笑玲，整理. 广东通志［G］. 广州：广东省立中山图书馆藏本：卷2.

⑤ （清）李调元. 南越笔记［M］. 北京：中华书局，1985：卷2.

对风景的认识而言，则是一个历时长久的复杂演化过程。语言称谓的变化说明了，人对于风景的认识在不断清晰、具体化，又如惠州西湖，"人们对西湖概念的理解是随着时代的发展有所变化的，大致经历的变化过程是：丰湖—丰湖和鳄湖—五湖—以'五湖'为主体的包括所有山水汇入西湖的范围。虽然明代开始，人们把丰湖和鳄湖统称为西湖，后来才发展到'五湖'的概念，但是这五个湖泊其实早在明代之前就已经存在，和惠州城之间存在各种相互联系、相互作用，只是鉴于人们的认识范围和开发程度而未纳入'西湖'的概念"[①]。

二、城湖共进的历史主线

对于城市和湖泊而言，其在空间上呈现的种种变化都不是孤立的，而是极其复杂的共振关系，"是 种复杂的经济、文化现象和社会过程，是城市居民各种活动与自然因素相互作用的综合结果"[②]。

城市建设逐步改变了这些湖泊的面貌，促进了它们的发展。如惠州西湖形成之初，基本上是一片水域。由于惠州的城市发展，人们兴建了大量人工建筑物和构筑物。南宋《舆地纪胜》中还记载了石埭山、水帘洞、归云洞、点翠洲、披云岛、漱玉滩、荔枝圃、明月湾、龙堂、李氏潜珍阁、鳌峰亭、唐子西故居、濯缨桥、平远台、湖平阁等景点。这些人工建筑逐步改变了惠州西湖的原有形态。惠州西湖在历史的进程中逐步完善其空间格局，进而形成了五湖六桥十四景的风景。

端州城古时被称作"两水夹州"，宋代以前，端州城在黄岗墟一带。此时，端州星湖还处于发育阶段，被称为沥水。宋代开始，向黄岗墟以西新建端州城。由于端州为宋徽宗潜邸，建置在北宋末期不断被提升，在岭南州府中分量日益吃重，城市建设迅速发展，西江一侧的堤围得到巩固，影响了经七星岩前出后沥的"旱峡"河道的水体排泄，于是逐渐淤塞演变为时涸时潦的沥湖。

明代开始，端州星湖（沥湖）出现了围湖之事，到明万历初年（1573年），肇庆星湖的水患已经比较严重，春夏西江汛期时水涨不泄，开始威胁府城。明万历八年（1580年），王泮到任肇庆，即在城东郊开凿跃龙渠疏通沥湖积水，入江处在城东石顶冈，并建有闸口调蓄旱涝，到万历十年（1582年）新水道即告竣工。连带着建窦、筑桥，甚至于后来的修崇禧塔，几者关系十分密切。

唐代开始，桂林的城市建设得到了跃迁式的发展，桂林西湖于唐代开始建设。到宋代桂林为两广枢纽，桂林西湖的建设呈现一个大的发展面貌。至元代，桂林西湖已经开始湮灭，郭思诚直指西湖湮灭将使得城市受到巨大的损害，着手复建西湖。明代桂林为

① 张志迎. 明清惠州城市形态的初步研究（1368-1911）[D]. 广州：暨南大学，2012.
② 李珏. 山水城市空间形态分区控制方法研究 [D]. 广州：华南理工大学，2012.

靖江郡王所在封地，桂林西湖的大部分湖面化为靖江王所拥有的田亩。明嘉靖年间，进士胡直游历桂林西湖后曾写下游记，从其游记可知，此时桂林西湖已经基本化为田，游记所游皆为隐山之洞穴。

> 隐山者，唐李渤吴武陵咸有称述，亦名山也。是晨西，出丽泽门里许，至山下小亭。宪长桂君都闻，钱君咸来，乃先寻南华洞，洞水浮碧可鉴，西转北牖洞，历夕阳洞，愈西至嘉莲洞，或云石似莲，又云昔有水产莲，折北跻一石广长如床转至白雀洞末，乃穿磆硋入小门。至老君岩，即朝阳洞也。东对独秀山上镵石成老君像。左右垂石，彷佛鹤鹿，咸天造因，共酌赏之。愈北万石巉防，遂南步而酌于亭。良久复南走里许，登披云阁，阁据丛石之心，延揽益遥或曰，是阁当春花秋月，弥佳阁内一石，立如树与群树，混从后北，转为石薮益参嵯状，如莲瓣，如败蕉叶，又纵观四面之山皆石也，于是相携下山，穿红叶林而返。①

到清代，桂林西湖的水面已经大部分湮灭。"旧在府城西三里。环浸隐山六洞，阔七百余亩，胜概甲于一郡，久废。宋经略张维筑斗门，始复旧。今复湮为平畴矣"②。

琼州西湖位于琼州府城的上游。清代顾祖禹在《读史方舆纪要》中有记载，"府西南十五里有泉出石窦间，旧名龙泉，东流西折而为篁溪，又西汇为石湖，溉田千顷，名曰西湖。西湖奇胜甲于一郡，以泉得名也。岁久泉废，好事者浚之，名曰玉龙泉。其下流为学前水，东南流入于南渡江。"历史上琼州西湖应该有过多次疏浚，如根据《清史稿》中的记载，清代雍正十三年（1735年），潘思榘迁海南道台时，就曾主持过对琼州西湖的疏浚，"十三年，迁海南道。濬琼州西湖"③。可惜，这些记载都比较少，还需深入研究。但从古代州府园林建设的实践来看，琼州西湖的建设也应该与古代琼州府的发展息息相关。

正是由于城湖共进的历史主线，这个建构过程需要历史地、动态地来看待，如广州西湖（药洲），在广州市不断发展的过程当中，逐渐被城市化，最后成为仅余2000平方米的遗址，"药洲作为一处位于历史城区之中的地面遗址，它并不是考古出土挖掘的地下遗存，而是一直伴随着城市发展历程而变迁，从原有大面积的自然山水园林景观到如今仅存的九曜石与历代碑刻，见证了羊城城市千年变迁的历史记忆"④。

---

① （清）汪森. 粤西通载，之六.
② （清）顾祖禹. 读史方舆纪要［G］. 北京：国家图书馆藏本：卷170，广西2.
③ 清史稿. 列传，95.
④ 郭谦，李晓雪. 广州南汉宫苑药洲遗址保护与更新研究［J］. 风景园林，2016.

三、特定的历史文化内涵

州府园林的风景营造，是自然风景和人工营造的相互结合，依托其历史发展的人文内涵，才是其历史演进的"灵魂"所在。人们从岭南奇山秀水中感受到了岭南山水的自然之美，通过持续不断地发现、营造、传颂，在自然山水之间加人工的实践，针对山水形胜，依托朴素的园林营造手法，进行有组织地营建、装点、造景、组景，在历史演进中不断迭代发展，逐渐形成岭南州府园林的空间性格。这些历史内涵根植于当地的历史脉络之中，每一个景点背后，都有着深刻的历史内涵。

惠州西湖的湖山风景就一直与历代名人共振，这些遗迹留在惠州西湖，成为惠州西湖历史演进的一个构成部分。苏东坡在惠州城近郊的各个山岭中游玩，饮酒作诗，直言"诸友庶使知余，未尝一日忘湖山也，夕阳飞絮乱平芜，万里春前一酒壶。铁化双鱼沉远素，剑分二岭隔中区。花曾识面香仍好，鸟不知名声自呼。梦想平生消未尽，满林烟月到西湖"[1]。苏轼对于惠州西湖的影响深远，苏东坡在惠州留下了大量的诗词、散文、序跋和题刻等。

这些诗歌文章里出现了大量的景物名迹，如他的故居、井、放生池、钓鱼台、逍遥堂、西山、大圣塔、栖禅寺、朝云墓、六如亭、东新桥、西新堤、西新桥、飞阁、元妙观、永福寺、嘉佑寺、合江楼、孤山等。这些名迹后来又都成为后人凭吊怀古之处，进而转化为惠州西湖的著名景点。每一个到惠州西湖游览之人，都要试图去寻觅这些具有特定历史文化内涵的风景。

> 白鹤峰，在归善县之城北。城即附山而立，盖长公故居也。上有长公祠，及德有邻堂、思无邪斋、朱沼、墨池。其山于平地蠡起，下俯江流。遥岫长林，掩映四野，大有胜概，而芜秽不治，有足慨者。岂长公岁暮沦落，身后犹尔耶？余始游丰湖，问无长公祠，欲捐二十金为有司倡。既游白鹤峰，见祠宇颓废，知有司无可言者，踯躅而止。[2]

除苏东坡外，陈偁对惠州西湖的影响也十分大，后人为了纪念陈偁，不仅修建了祠堂来祭祀他，还把他主持修建的建筑物，如桥、亭等都命之陈公之名。

桂林隐山的"庆云亭"因建亭时，五色云环绕而得名，白雀洞因李渤至此而桂林郡人有获白雀来献，嘉莲洞因李渤等在洞口遇见了献莲之人，而洞前恰好池水荡漾而种植莲花。

寓景于情，景色背后折射的是情感的释放，雷州西湖有"贤人踪迹圣人心"一说，

---

①（宋）苏轼. 苏轼集［A］//纪昀，等. 钦定四库全书［G］. 北京：国家图书馆馆藏本：卷29.

②（明）王临亨. 粤剑编［G］. 北京：国家图书馆馆藏本：卷1.

实际指的就是历史上谪贬雷州的贤人们。明代张岳在《信芳亭记》中指出，先贤们"于傀屋躬耕，九死而不悔，当其时岂有待于后世之名哉，卒其所以名者，诸君子盖不与也，士患不学无以自信尔，既学矣而有以自信，虽无以尽知于人，必有以独知于天者"。古代雷州地区的文化发展得益于这些先贤们的到来，成为雷州人民推崇的圣人。这些贤人的踪迹分布在雷州西湖的周边，人们凭吊先贤们高尚的品格，逐步形成雷州西湖的人文特色。

由于南汉时期，刘龑、刘帐勤于营造宫室园林以享乐，疏于朝政，后亡于宋。北宋时，药洲曾被多次疏浚整治，成为服务州民的公共园林。南宋之后，文人们言及于此往往就感怀宋徽宗艮岳营造之事，对其褒贬不一。但是到了南宋末年，由于赵宋被元兵逼退于岭南一带，岭南一带的山水欣荣和王朝气脉又有了联系，赵必象在《钱实斋趋朝》中言，"景定东南民力竭，天畀福星照南粤。尽洗蛮烟瘴雨尘，药洲草木欣然春"。明清时期药洲逐步转化为官署的内花园。

清代吴兰修以研究南汉史闻名于清朝末期，著有《南汉纪》《南汉地理志》。在吴兰修眼中，评价药洲九曜石折射了南汉王朝的灭亡，分别写有《九曜石》《药洲》二诗感叹此事。

> 九星坠地化为石，一夜洞庭湖水赤。不胫而走来炎洲，竭尽重跰万民力。啼鸟丁当春树绿，九华缩入壶公壶。天然九朵芙蓉瘦，时有仙云出石窦。南宫夜燕开金尊，火急军书不敢开。井旁大石忽惊起，众星北走归中原。刘郎一去湖萧瑟，丹炉药鼎真何益。石头寸寸苔花斑，尽是黎民泪痕碧。可怜九点沈荒烟，旧时海水今桑田。何似城西五羊石，摩挲遗泽三千年。
>
> ——吴兰修《九曜石》

> 尽种琼芝与瑶草，氤氲花药春冥冥。珠阑四面香为幄，炉火自青湖水绿。昼长时唤美人来，曼声细度游仙曲。胡子衣轻爱六铢，紫霞冉冉吹罗襦。却将尘事劳仙姥，从此官家称大夫。阿谁膝上能多记，特敕琼仙领外军。六宫内使皆天人，免死还闻拜恩赐。忽报西头起阵云，干城全倚郭监军。可怜烽火连宫禁，犹自梅檀吁鬼神。浮家几日劳装束，说与仙人应痛哭。刘郎下马作降王，乐范乘舟学徐福。
>
> ——吴兰修《药洲》

清代诗人翁心存是同治皇帝的老师，在《自题药洲访石图》中也表达了同样的认识，药洲的建设导致了南汉的灭亡。

> 峥嵘蜃阁排空出，天遣蘱藏付童律。神龙拏攫守榕根，下有骊珠三十一。

英光长阆七百年，郁律蟠伏全其天。悔将混沌书眉手，钩取菴宾跃九渊。自从
剔藓镵苔后，夜夜乾文射南斗。岂有夸娥负以趋，只愁宝鼎终遭培。羊城眼底
风尘昏，劫火烧残字傥存。升沈显晦孰得失，可惜玲珑石不言。

惠州西湖的"野吏亭""超然亭""逍遥堂"，孤山下的"六如亭"，西湖畔的"丰
湖书院"等；桂林城湖的"销忧亭""齐云亭""曾公岩""八桂堂"等；连州海阳湖的
"吏隐亭""裴溪"等；端州星湖的"石室洞""星岩书院"等；雷州西湖的"十贤堂""苏
公楼""苏公亭"等；药洲的九曜石遗址都深刻反映了历史发展的各个不同特征，并赋
予了特定的文化内涵，充分反映了各个历史阶段，由于社会条件不同，形成的各式差异
的建筑营造。

第二节

风景营造的行为模式

风景（Landscape）不是一个孤立的客
体，营造和观赏风景的主体是人。对人而
言，风景具有不断动态变化的观赏特征，
除了自然物质形态的景观变化，观赏者的
情趣、品位、心境的变化也可以使观者感
受到风景的变化，心境好的时候可能看到
的是晴云、青峰、斜雨等，心境不好时看
到的则是另一番景象。

笔者将州府园林的营造行为模式总结
为风景发现、风景建设、风景游乐和风景
传颂四个行为模式（图2-2-1）。

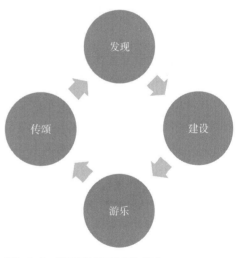

图2-2-1 风景营造的四个行为模式

一、风景发现

古代文人和官员们，热衷于寻访山水，不断发现州府城周边的山水风景。如唐元和
十一年（公元816年）柳宗元谪贬柳州，在游历柳州近郊的山水之后写下了《柳州山水
近治可游者记》，详细介绍了柳州一地周边双山、石鱼之山、雷山和南绝水等山水，为
后人游历提供了指引。

元和十二年（公元817年），裴行立任桂管观察史，在他的主持下对漓江上的訾家洲进行了营建。柳宗元在《訾家洲亭记》指出，风景的美首先要发现，正所谓"昔之胜概者，必于深山穷谷，人罕能至，而好事者得以为己功"①，柳宗元通过赞颂裴行立发现、营造美景的过程，进而指出美好的风景营造，要有懂得欣赏的人来发现，在风景营造中植入功能和赋予内涵。唐长庆二年（公元822年）李渤任桂州刺使，李渤在桂林西湖隐山留下了三件石刻，也是桂林西湖隐山最早的石刻。从石刻可知，唐宝历元年（公元825年），李渤任职桂林后，常与幕僚在山水之间游历，最先探访的就是隐山，命名隐山正是藏胜景而不显山露水，隐山诸洞则分别取名为"朝阳洞"、"南华洞"、"夕阳洞"、"北牖洞"（图2-2-2）、"白雀洞"和"嘉莲洞"，并把这些洞名题刻于石壁之上。

图2-2-2　隐山北牖洞入口的碑刻群

二、风景建设

发现风景之后，便是积极地参与岭南州府园林的营建。柳宗元在《訾家洲亭记》中指出，风景存在十分久远，然而被挖掘，则必须靠人的营造。"盖非桂山之灵，不足以瑰观；非是洲之旷，不足以极视；非公之鉴，不能以独得。噫！造物者之设是久矣，而尽之于今，余其可以无藉乎"①！

随着游览内容的不断增多，不断地开辟新的道路通往这些风景点，筑堤修桥的同时，又在这些道路、堤桥邻近之处修建亭台楼阁等建筑用以观景，不断往复迭代，州府园林的建设逐渐完善。在桂林，范成大造"正夏堂""碧虚亭""骖鸾亭"，胡宗回伏波

16

---

① （唐）柳宗元，撰；尹占华，韩文奇，校注．柳宗元集校注［M］．北京：中华书局，2013：1785.

山修"蒙亭"，程节建"八桂堂""湘南楼"。在惠州，苏东坡谪惠期间，参与了惠州西湖修堤筑桥的工作；治平期间，惠州知府陈偁整治西湖，主持修建了陈公桥。

这样的建设行为是不断迭代、历时持续的，如潮州西湖就经过多次的整饬。南宋庆元五年（1199年），潮州太守林嶔重辟西湖后，西湖的景色大增，林嶔乘兴题有《题西湖山石》诗两首和《重辟西湖》诗两首。林嶔重辟西湖的盛况被许骞[1]记载在《重辟西湖志》一文中，此文刻于西湖山，文中无年款，但根据行文内容，约为南宋庆元己未年（庆元五年）所刻。

> 绕湖东西古无路，诛茅穿苏，插柳植竹，间以杂花。盘纡诘曲，与湖周遭。横架危梁，翼以红栏。镜奁平开，虹影宛舒。数步之内，祠宫梵宇，云蔓鳞差。浮云女墙，粉碧相映。中造小舟，邀宾命酒，荷香逦迤。时度管弦中。邦人乐公德，段公每游，柳边竹下，草际茑中，涌觞繁肴，席而坐公，酒未竟，终不去。[2]

这些参与州府园林建设的官宦人士都有着较高的文化素养，因而对风景的意境把握得极为深刻。参与风景建设的官宦们，又被后人所称颂，建立祠堂纪念，如潮州的韩公祠、惠州西湖的苏公祠和陈公祠、雷州西湖的十贤堂等。立祠的深意在于推广这些贤者在岭南州府园林中整治山水使民众得惠的贤迹。立祠本身又多在岭南州府园林之中，于是又成为对岭南州府园林本身的一种营建行为。

经过历时不断地组景、造景，砌筑亭台楼阁装点湖山，岭南州府园林的绮丽风光逐步被人们所熟悉。

三、风景游乐

孙光宪《北梦琐言》记载了这样一个故事："王赞侍郎，中朝名士。有弘农杨蘧者，曾到岭外见阳朔荔浦山水，谈不容口。以阶缘尝得接琅琊，从容不觉形于言曰：'侍郎曾见阳朔荔浦山水乎？'琅琊曰：'某未曾打人唇绽齿落，安得而见。'因之大笑。杨蘧俄而选求彼邑，挈家南去，亦州县官中一高士也"[3]。杨蘧因桂林阳朔山水而求官，也折射出当时岭南一地山水游乐之盛。北来的官宦文人们，莫不在这岭南山水之间诗酒相伴，唐代元晦就素有"时恣盘游"之名。岭南的山水风景，从唐代开始闻名天下，据刘

---

① 许骞，宋绍熙五年（1194年）进士，授惠州推官，调南恩州签判。以政绩、贤能称名官，名扬惠州。入祀于当年名官专庙。其文学造就不菲，传世者有《西新桥志》，收录于《惠州西湖志》中。又有《重辟西湖记》，收录于《潮州府志》中。

② （明）解缙. 永乐大典［G］. 国家图书馆馆藏本：卷2263，六模，西湖.

③ （宋）孙光宪. 北梦琐言［G］. 北京：国家图书馆馆藏本：卷5.

勋统计，唐代岭南道风景资源中，旅游到访人数较多的，依次为桂林、石室山、端州驿、大庾岭、南溪山、訾家洲、隐山、隐仙亭和罗浮山等九个，"在空间分布上，有两个重要的区域，一是韶州—广州—端州，二是桂州—柳州"[①]。

唐代时期，连州还不是岭南道所在。连州海阳湖是唐初元结所建，刘禹锡谪贬连州后，常在此招待挚友浩初，"海阳又以奇甲一州。师慕道，于泉石为笃，故携之以嬉。及言旋，复引与共载于湖上，突于树石间，以植沃州之因缘，宜赋诗具道其事"[②]。连州海阳湖之于刘禹锡、浩初二人，就如同一间天地为庐的风景客厅，供其恣意盘游。

近郭看殊境，独游常鲜欢。逢君驻缁锡，观貌称林峦。
湖满景方霁，野香春未阑。爱泉移席近，闻石辍棋看。
风止松犹韵，花繁露未干。桥形出树曲，岩影落池寒。
别路千嶂里，诗情暮云端。他年买山处，似此得髅官。[②]

现连州中学的燕喜山中，还留有许多题刻（图2-2-3），从这些题刻中可以看出，宋代时期的连州海阳湖游人众多。

明代《永乐大典》里指出，天下西湖三十六，而桂林西湖正是其中之一。桂林西湖因唐代李渤的开发隐山而起，其山水环绕的景色在唐代就已经闻名全国，成了官民共享的休闲去处。在南宋经过经略张维的一番整治，桂林西湖的面貌焕然一新，范成大的《桂海虞衡志》中，对此描述如下：

图2-2-3　宋代连州海阳湖中的游览题刻

① 刘勋. 唐代旅游地理研究［D］. 武汉：华中师范大学，2011.
②（清）曹寅，彭定求，等. 全唐诗［G］. 北京：国家图书馆馆藏本：卷362.

"隐山六洞，皆在西湖中隐山之上。一曰朝阳，二曰夕阳，三曰南华，四曰北牖，五曰嘉莲，六曰白崔。泛湖泊舟，自西北登山，先至南华。出洞而西，至夕阳，洞穷有石门可出，至北牖，出洞十许步至朝阳。又西至北牖，穴口隘狭，侧身入，有穴通嘉莲。西湖之外，既有四山，巉岩碧玉，千峰倒影，水面固已奇绝，而湖心又浸阴山，诸洞之外，别有奇峰，绘画所不及，荷花时，有泛舟故事胜赏甲于东南。"[1]

《永乐大典》所记叙的西湖，还有琼州西湖。明嘉靖年间（1522～1566年），郑廷鹄曾在琼州西湖上建造石湖书院。明万历年间（1573～1620年）的高僧释德清在《憨山老人梦游集》中记载了他游览琼州西湖的一次游历。从释德清的介绍来看，明代琼州西湖有龙庙、亭池，湖广数十里，营治颇具规模。

"从者指为石湖。心窃疑之。其石铺地面。一平如掌。色如古铁。形状巧妙。大似莲盘。小如蜂窠。奇形异态。行行不见其踪。小转入石门。迤径逶迤。始知为一石天成。周数十里。四面皆高。中凹一湖。如照天明镜又若生盘池中。着玻璃盏耳。不知谁为凿之也。相传此地。昔为居人。一日风雷大作。龙从石出。大水沸涌。屋宇尽没为湖。天旱水涸。石有龙形。尝大旱。现梦於郡守曰。吾石湖龙也。祷之当得雨。太守往祷辄应。建庙貌以祀之。至今率为常。入石门百步。渡小桥。连一池。池上古木如张幕。下有古殿三楹。栋梁皆石。殿后有池。额曰玉龙泉。池上有古庙三楹。即玉龙之神女像也。左有龙泉。自石罅中出。喷薄如珠。大如车轴注於方池。池上有亭址。池下有长湾。皆有故事。今亡矣。"[2]

人们在营治的风景中游乐，又会形成风景传颂，通过风景传颂，不断扩散风景的名声。

四、风景传颂

针对已经形成的营建，不断有文人墨客进行咏景艺文，在传颂中不断发掘新的内涵，从而营造出新的内容和形式。在山水游览中进行诗咏和题刻，是古代文人的风雅之事，如端州星湖七星岩，唐代的李邕、李绅、沈佺期、宋之问，宋代的包拯、郭祥正、郑敦义、黄公度等名宦都曾在此风物题咏。由于这些诗咏题刻的创作者均为名家，具有

---

① （宋）范成大. 桂海虞衡志 [G]. 北京：国家图书馆馆藏本.
② （明）释德清. 憨山老人梦游集，集24.

较高的文学素养和知名度，在他们的带动下，这些州府园林的山水之美又被不断地远播，许多人慕名而来。

桂林山水的风景发掘是岭南诸州府中最早的，始于晋代，及至唐代已有百余首题咏桂林山水的诗歌。唐代韩愈在《送桂州严大夫同用南字》中就写到"远胜登仙去，飞鸾不假骖"，可见唐代桂州山水已被诗人想象为仙境。宋代范成大在《桂海虞衡志》指出，"桂山之奇，宜为天下第一"。南宋黄庭坚贬宜州经桂州时，感叹桂州山水的瑰丽，不禁在《过桂州》一诗中感言："李成不生郭熙死，奈此百嶂千峯何！"黄庭坚所感的是桂州山水之妙，连诸如李成、郭熙的名画手都未能与之，而自己就更难匹之了。

风景或许有别致之处，风景营造亦要精心筹划，但能传留千古，非借文章之名不可。例如，訾家洲在漓江江心上，最早发现的是裴行立，柳宗元为之记叙《訾家洲亭记》。到宋代，张孝祥为其所作《訾家洲》，"云山米家画，水竹辋川庄"，米家画自是宋代大画家米芾的画，辋川庄则是唐代诗人王维的《辋川别业》，这就是把訾家洲的景致放到一个极其高的高度。又如程节所建八桂堂，被李彦弼所记《八桂堂记》而传颂；胡宗回重修蒙亭，黄邦彦作记《重修蒙亭记》而传颂；曾布开发"曾公岩"，刘谊记有《曾公岩记》而传颂。

风景一旦附加了人的审美观点，也意味着风景开始从纯粹的自然中抽离出来。这些基于特定史实的诗咏题刻构成的文化景观，都成为构筑岭南州府园林的文化母题。

端州星湖中七星岩很早就是名山之一，唐代经李邕《端州石室记》所载后，更是闻名全国，吸引了大量的文人墨客游赏七星岩的溶洞，并在游赏后留有大量题刻。七星岩的题刻是端州有名的人文景点，题刻反映了当时的游赏活动。潮州西湖的西湖山上，山石奇特各异，存有唐至民国各个时期的大量金石题刻。

唐代李渤开发桂林隐山西湖之后，被吴武陵作《新开隐山记》和韦宗卿作《隐山六洞记》所传颂。然而疏于维护，到了宋代桂林西湖就已经"久废"，经略史张维又在原来的基础上进行了一番整治，被鲍同《复西湖记》所传颂。

明代张岳在雷州西湖《信芳亭记》中指出，"雷州西湖之胜闻于海北，然搢绅南□过雷州，若不知有是湖者。盖凡湖山以胜名，则必带林麓穷岩壑，有宫室亭树之观，而前世又有高人逸士留故事以传，如杭之西湖，越之鉴湖，然后其名始盛而□者踵至"①。这实际指出了州府园林的建设是一个不断动态迭代的过程。至清代，翁方纲游览西湖，在《秋晚重游雷州西湖兼怀确斋》中写到，"澄澄菰葑外，虽画难为工"，翁方纲认为这样的风景即便是画工都难以名状。

---

① （明）张岳. 信芳亭记. ［A］//（明）黄宗羲. 明文海. 第332卷［A］. 纪昀，等. 钦定四库全书［G］. 北京：国家图书馆藏本.

湖上稻已长，倒渌于湖中。飞舞百顷浪，抱郭成弯弓。
谁云潦水减，更觉亭阁空。缅思昔来贤，大半嗟途穷。
最著苏与寇，乃及梁溪翁。一笑坡翁言，杭颍谁雌雄。
我昨初秋来，行绕蔮莒风。野寺访遗碣，斜景余卧钟。
尚此携旧侣，词赋怀严终。坚坐递传讽，僵立愁仆童。
江海倏霜露，风雨吟蛟龙。秋光知君去，新霁为我容。
澄澄蔬芡外，虽画难为工。苍然起凉思，远磬生梵宫①。

前人题刻著文留名之后，后人慕名而来，正如清施润章在《端州同沈止岳金宪过朱子暇游七星岩》中所言，"牵舟入洞开新堰，披草看碑续旧题"②。游旧洞后，再开新堰，看旧碑后，再题新碑，吟新诗，著新文，不断迭代演化。诗词歌赋的记载使得州府园林的营建和景观被不断传播。

风景的构成主体是客观存在的，但是发现风景的是人的主观认识。从某种意义上来看，所谓自然式风景园林，并非是纯粹的天然山水，必然是人参与天然山水的营造，进而形成理想境域的结果。首先是风景发现，岭南州府园林的本底是自然山水，就要有人去发现岭南自然山水之美。文化修养相对高的文人往往比较敏感，如叠彩山原名桂山，元晦发现此山的山石纹理特点奇特，遂将其命名为叠彩山。其次是风景营建，在自然山水中建造亭台楼榭，种植花草树木，都是根据人的观察和思考来进行的营造。再次是风景游乐，有了一些风景设施，人们就可以在自然山水之间进行观赏游乐。最后是风景题咏，题咏的本质是传颂，这样又把风景声名远播，题咏留下的刻字又成为一道景点，成为后人探奇之处。

发现—营建—游乐—传颂四个环节相辅相成，层层递进。这个不断迭代的历时演进方式，是贯穿于整个州府园林建设之中的，从唐代到宋代，及至明清，都不断地推动岭南州府园林朝着更加完善的方向演进。

---

① （清）徐世昌辑. 晚晴簃诗汇［M］. 北京：中华书局，1990：卷190.
② （清）施闰章. 学馀堂诗集［A］//纪昀，等. 钦定四库全书［G］. 北京：国家图书馆馆藏本：卷34.

第三章

整体平衡的生态建构

中国古典园林往往被划分为人工山水园林和天然（自然）山水园林两大类型，但从实际来看，这个认识并不完整。把人工和天然进行比较，需要甄别对于"人工的"（Artificial）和"天然的"（Natural）具体认识。比如水稻、小麦都是自然生长的生物，然而，水稻、小麦种植的每一个环节都有人工的介入；比如鸡、鸭、猪、羊，这都是有人的介入（选育、饲养）而形成的农业生物。显然，它们已经模糊了纯粹的人工和天然的界限。

关于这个认识，古人在很早就指出了这一点，郑叔齐在桂林独秀山《新开石岩记》中指出，独秀山的风景虽然是自然的，但是人工的营造并不可少，倘若没有人工去发现，那么再好的景致也只能沦落，"岂非天赋其质，智详其用乎？何暑往寒袭，前人之略也？譬如士君子韬迹独居，懿文游艺，不遇知己发明，则蓬蒿向晦，毕命沦悟，盐车无所伸其骏，和氏不得成其宝矣"[①]。实际上，州府园林的风景空间是在山水的自然本底上，结合人的主观营造，共振成为可居、可游、可赏的风景空间。

陈桥驿先生指出，杭州西湖的演化过程实际是经由海湾—泻湖—天然淡水湖—人工湖泊而不断转变的过程，"在这个淡水湖沼泽化的过程中，周围的人文地理环境发生了很大的变化。杭州的城市化，从唐朝起有了迅速的发展，城市居民需要淡水，于是，从公元766～779年之间出现了城市居民利用湖水的'六井'，为了提高湖面以增加六井的水量，公元822年修筑了湖堤，从此，西湖的湖性改变，成为一个人工湖泊，并且进一步密切了与杭州城市的关系。西湖以充沛的淡水供应杭州城市，促进城市的发展，而城市的发展，反过来有效地阻遏了西湖的沼泽化，所以虽然在11世纪后期和15世纪末期，出现过两次湖泊严重淤浅的现象，但都得到了及时的整治。这个地区历史上有大量湖泊湮废，但西湖却众废而独存"[②]。从这个角度来看，惠州西湖、雷州西湖、端州星湖的历史存在，都是和人的作用分不开的。

从一般意义的认知来理解，如果仅从形态的角度来认识，自然形态特征明显的园林当然可以被称为天然山水园，但是，需要明确的是，这样围绕城镇（州府城）所形成的风景地带，并非纯粹的（Unadulterated）、天然的（Natural）山水园，它们的形成完全是由人的介入，在主观上发现它、认识它、营造它，从而一步步把它们发掘塑造（Shaping）出来的。更加严格的区分，这种所谓的"天然（自然）式园林"并非"天然"这个意义本身，更多的是指向一系列具有有机的（Organic）或者说生态的（Ecological）空间形态特征的风景园林。

① （唐）郑叔齐. 新开石岩记. ［A］//（清）董诰，等. 全唐文［G］. 北京：国家图书馆馆藏本：卷531.
② 陈桥驿. 历史时期西湖的发展和变迁——关于西湖是人工湖及其何以众废独存的讨论［J］. 中原地理研究，1985（2）：1-8.

山水城林湖田的整体认识

　　岭南州府园林多处于岭南主要州府之近郊，湖山相伴，有湖亦有山，尺度开合，惠州素有"半城湖色半城山"的赞誉，邕州亦有"半城绿树半城楼"的美誉。苏东坡《江月五首》诗中"一更山吐月，玉塔卧微澜"的千古绝唱，让南宋诗人刘克庄游惠州西湖忆起东坡这首诗时，有"不知若个丹青手，能写微澜玉塔图"的感慨，山中可吐月，一语道破惠州西湖的尺度极大。岭南州府园林的尺度是以城市周边的自然山水为骨架所建构的，城市在湖山之间，显山露水，和环境浑然一体。本质上，这个景观空间格局是脱胎于传统环境观念里的山水田园模式，并通过人工化的改造，使其逐步接近理想状态。

一、风水术影响的风景格局

　　岭南的城市营建和周围的山水环境紧密相连，依托风水理论构建了"山—水—城"的城市格局，这样的城市山水格局深刻地扎根于我国的历史地理现实。需要注意到，胡焕庸线以东南的国土是大量的丘陵地貌，大多数州府城市都必须在这些山环水抱的丘陵地貌所形成的小盆地中开始发展，本身就构成了这个山环水抱的风水格局。从风水术自身的发展来看，无论是形势宗（江西派）还是理气宗（福建派），实际上都发源成型自东南一带的丘陵地貌地区。

　　营造建设行为要考察人与环境的关系，核心是各个环境要素相互之间的方位关系。首先要明确山水的环抱，选址一定要有水，"得水为上，藏风次之"，好的"风水"是在山环水抱的形势格局中产生的。

　　在风水术的方位观念中，西方属金，金生丽水，这是由于地球自身的因素叠加我国总体地势西北高东南低，我国河流走向总体遵循自西北向东南的流向走势，因此，西侧往往是来水的方向。通过扩大来水方向的水面，拦蓄以形成湖面，既可以防卫城市，又可以增加景观效用。西湖连通城墙内外，成为城市和江河的一个缓冲和交换能量物质的场所。从风水的角度，"气乘风则散，界水则止"，湖面的存在把城市的"气"聚拢在城市之内，广州西湖（药洲仙湖）、潮州西湖、桂林西湖、雷州西湖皆属此类。

　　在现实中，很少有能完全符合理想"风水"格局的地形，于是就出现了人工的营造和整治，如对城市近郊湖泊（如西湖）的营造和整治。在风水术的语境下，对湖泊整治关乎城市的发展"运势"，如宋代潮州西湖的营建，"西湖，州之西旧有湖。祝圣放生亭在焉。庆元己未，林侯嶖，尝兴是役，民至今思之。越数年湮塞如故。甲子一周，开庆已未，刑部林侯光世，拈起前话，重新浚集抑天运也"①。

王祖道治理桂林时，就采纳了风水术师的建议，指出环城的水如同人的血脉，疏浚城濠，并通过行政命令的方式，指出堵塞城濠的罪行等同于盗决黄河、汴河堤防，"又采堪舆家之说，泃子癸之流，以注辛戌。环城有水，如血脉之荣一身，遂闻之期。故大观二年，准敕著令，壅隔新泃者，以盗决黄、汴二河堤防法坐之"②。

在风水术中，连绵的山脉被视作是龙的化身，龙是极其古老而神圣的中华民族图腾，而附着在山脉上的植被，被视为龙的外在具象表现，常被誉为"青龙"（青龙同时也可以指向水势）。在古代，风水术在某种意义上起到了一种法律上的约束作用，成为一种全体州府居民都认可的、不成文的习惯法（Common Law）。本质上是扮演了古代城市空间治理的法理依据，甚至还可以通过行政命令的方式，成为正式施行的地方法律。

对于风水格局的补充，建筑物亦可以起到极大的辅助作用。人工的建筑物，诸如桥梁、亭台、楼阁、塔幢等，常以景观标志物的姿态出现，实际上，是风水术里针对理想"风水"模式的补充，如桂林榕湖中的日月双塔（图3-1-1）。

在这个风水术影响下的风景格局里，州府园林中的山、林、水、田、湖、建筑等各个要素，和谐共存，自然灵动，疏密有致，成为古人改造自然山水的具体实践。

基于风水术营造和影响下的城市近郊风景格局，在现代城市景观理论没有传入中国之前，是主导空间营建的主要理论和手法。其许多探索，在今天看来，仍有很强的借鉴意义，具有极其强大的现实生命力。这些理念不仅回应了当代中国城市建设所面临的问题，如生态环境破坏、文化内涵缺位、城市形态破碎等诸多问题，也传承了古老的东方城市发展智慧，是十分深刻的城市发展认识。

图3-1-1 桂林榕湖的日月双塔

① （明）解缙. 永乐大典 [G]. 国家图书馆馆藏本：卷2263，六模，西湖.
② （明）张鸣凤，撰；李文俊，注，桂故校注 [M]. 南宁：广西人民出版社，1988：187.

二、城市水利营建及其风景化

城市水利建设一开始是用于保障城市的对外交通和用水安全，服务于城郊农业生产。古代城市水系由自然水系和人工设施共同组成，包括湖池、河渠、井泉、城壕等要素，是古代州府城市重要的基础设施。城市建设首先就面临用水和干旱的问题，城市选址靠近水系是通常的选择。

当岭南雨季盛行时，城市就频繁受到洪水侵袭。典型如邕州，"邕"字的意思就是水上的州邑，南宋嘉定二年（1209年）的邕州大水十分汹涌，据张良金《南宁府城隍庙碑》所载，"自古及今常以水患为苦，传闻水至大者，莫如宋嘉定己巳，然犹去城六七尺"[①]。淹没城池六七尺，这样的形势在古代岭南城市发展中并不鲜见。

修筑城墙是防御洪水的一个方法，夯筑城墙往往又会挖掘城壕。挖壕所得泥土亦会用来烧砖筑墙，如果夯筑城墙所耗十多的话，甚至会挖出一个湖，这就形成了一个调蓄区域，如雷州西湖、惠州西湖等。广州、端州、雷州等城池均建有城壕，城壕连通城内外水系。

宋代范成大、方信孺等人在王祖道开凿的"朝宗渠"上，将桂林水系进行了整合治理，形成了南有"阳塘"（榕、杉湖），西有"壕塘"（西湖），北有"揭帝塘"（木龙湖）的"三塘"。"三塘"又和小东江、灵剑溪、南溪河、相思江、桃花江、漓江等"六水"贯通一体，共同形成了桂林的城市水系。这条绕城水系相互连通，将桂林诸山串连起来，从而完整构建了桂林山水的风景空间体系。

古代端州在西江洪水肆虐时，由于羚羊峡水道狭小，西江水位增高，使得西江的一支从龟顶山北面到达旱峡，一支从羚山涌入西江，一支从后沥涌入西江，一支到罗隐涌入西江。因此，古代西江发大水之时，整个肇庆平原常常被淹没。从宋代开始，端州在西江进行了系列堤围工程，至道年间，大规模修建了江堤，揽江堤、罗岸堤、横恫堤、金西堤等；康定年间，端州知州包拯在端州府城东西两侧筑堤，并将堤和城墙相连，从而将西江水拦截在城南的西江河道上。城壕的修建，又使得城市通过城壕和周边的各个水体串联，开始组成古代的城市水系。清《广东通志》载有端州城壕与城内外水系连接的情况。

随着城市的不断发展，城市水系功能越加复合，城市水系的风景化演进就越来越突出。特别是具有大型近郊湖泊的湖山型城市风景，诸如杭州西湖、颍州西湖等已成为十分著名的风景游览之地。

"水是城市命脉，又是农业根本，古代不少地方官员，往往借治理农田水利之便，综合开发园林风景"[②]。城市水系的功用逐渐从一般的水利设施中脱离开来，在军事防

---

① （清）汪森，辑；黄盛陆，石恒昌，等，整理. 粤西文载［M］. 南宁：广西人民出版社，1990：卷37.

② 刘天华. 画境文心：中国古典园林之美［M］. 北京：生活·读书·新知三联书店，1994：37.

御、农田灌溉的基础上，功能逐渐复合，转向了风景营建，与城市近郊的一些山水有机结合。

与此同时，岭南地区的城市水系建设不断完善，广州、惠州、桂州、端州、潮州、雷州等逐步与城市近郊的山水形态契合。结合城壕水系的开凿，将环绕州府城市周边的水域串联起来，造就了"远江—近湖—环壕—内渠—泉池"的城市水系结构。

惠州西湖就是依托城市水利建设而形成的湖泊，留有许多文人墨客赞美惠州西湖的名章。明代杨起元在《平湖堤记》中，将惠州西湖的功能、景色和城市相结合来描述。

> 源泉停蓄，波澜荡漾。鱼虾产育，菱茨布叶。烟云合散，凫鹭沉浮。舟艇网罟，杂沓历乱。桥梁亭榭，渺霭飞动。雨降水溢，循渠而出。清澈悦目，傍可列坐……上拟布石，用匮而止，是固有待，惠不在近，鹅城万雉，半入鉴光。渔歌樵唱，朝久相闻。杭颖之匹，诚可无愧。[1]

同时，由于水系兼具动静结合的特点，实际就为风景建设本身提供了一类要素，当水相对静止时，通过对周边植被、山体的映衬，本身就可以取得良好的观景效果，而运动中的水体，如流溪、飞瀑等都是绝好的景致。

三、古代山水城市的实践成果

1990年7月31日，钱学森先生在给吴良镛先生的信中首次提出"山水城市"的基本理念。钱学森先生指出，中国古代山水诗词、山水画和古典园林是一脉相承的，应重视城市发展同自然本底的相互关系，将城市和自然山水有机融合。山水城市的理念，一方面是从中国传统历史与文化角度出发，另一方面其实着眼于我国绝大多数城市所身处的自然环境，同时也是对我国未来城市发展方向的一个设想。从某种意义上来讲，现存岭南州府园林都是典型的古代山水城市的实践成果。

至早应成书于晚唐的《管氏地理指蒙》，在《论水城》一文中，明确提出了关于山、水、城的论述，"以容穴言之水者，山之佐，以应运言之山者十水之辅。山随水行，水界山住；水随山转，山防水聚。山水相得，如方圆之中规矩；山水相济，如堂室之有门户"[2]。山水是城市发展的门户，山水相得、相济就是好的空间形态。

潮州西湖的营造自唐代开始，经过各个历史时期的相继营建，修台建阁，整治植被，咏景题刻，构成了以潮州西湖为主体，囊括西湖山、金城山、城壕、韩江、三利溪等山水河渠"山—水—城"一体的景观格局。

① （民国）张友仁，编著；吴定球，校补. 惠州西湖志［M］. 广州：广东人民出版社，2016：44.
② （魏）管辂，原著；许颐平，主编；程子和，点校. 图解管氏地理指蒙（下册）［M］. 北京：华龄出版社，2009：72.

图3-1-2　端州星湖七星岩

桂林山水城市的形态，自唐代开始不断建设，在宋代形成了完整的环城水系，这个山水城的空间格局延绵至今。

端州（肇庆）城始建于宋代，又被称为"宋城"，位于星湖七星岩的西南侧，处于大顶峡和铃羊峡之间，是一处环境优美、风景极佳的选址地点。星湖又以七星岩为核心（图3-1-2），"阆风岩、玉屏岩、石室岩、天柱岩、蟾余岩、仙掌岩、阿坡岩，状如北斗七星般散落在周围……作为肇庆市整个山体布局的点睛之笔"[1]。

端州的风景营建同山水之间的关系十分紧密，端州岭南州府园林的天然水系以西江为主体，西江自东向西，在洪水来临之际，西江穿过端州府城北侧的星湖七星岩区域，直奔零羊峡。在古代，这个区域对端州府城的发展有着生态意义。在天然水系基础上对端州的山水格局（沥水）进行了治理，形成了星岩—沥湖（星湖）—沥田—端城的"山—水—城"的空间景观格局。清代翁方纲曾在端州阆江楼上远眺沥湖七星岩，作诗描述了这个"山—水—城"的空间景观格局。

昆仑一脉来夜郎，东流直下万里长。包络滇黔汇交桂，中乃混一漓与湘。
浮梧百折到南海，全入牂柯归大洋。端州城外石矶石，屹此四瞰为遮防。
三面皆山一面水，水又襟带山之旁。初看七岩排北牖，金天逦迤腾光芒。
诸峰渐西势渐阔，远如两扇枨闉张。一丝袅袅下天际，纡徐浩森趋中央。
忽然斗起跑空立，一门万马争奋骧。强弓迅矢发不及，白浪倒射苍崖苍。
束以孤亭受以峡，峡三十里皆羚羊。建瓴屋下复有屋，岧台址本层层方。
因台拓扉俯峡底，不知更几千丈强。大湘小湘出帆背，顶湖沥湖穿石梁。
龙湫又吐诸瀑下，峡口急斗声礌磕。千岩树逼水关绿，万壑风溅山窗凉。
自此南江北江合，滔滔浩浩仍悠扬。百里千里注海去，复接横浦浈含洭。

---

① 张媛. 广东肇庆山水城市绿地景观格局分析及发展研究［D］. 北京：北京林业大学，2016.

斜阳极天逆远翠，顷刻四壁皆江光。云岚咫尺在几席，大书磨墨神苍茫。①

山水城其实就形成了一个"山（林）—水（湖）—城（田）"的空间构型范式（图3-1-3），对应形成了一个"城市—环境"系统。这样的空间构型范式存在，亦被许多学者认为是受到了风水的影响，"风水空间范式的推衍，正是一种人为的分形，它使得不同尺度的风水格局、不同类型的围合空间都具备了这种空间范式所要求的'居中、占边、扼关'的同构特征"②。

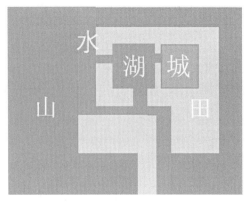

图3-1-3　山水城田湖的范式

第二节

城市生态功能的补充

古代岭南州府城市和近郊山水，直接服务于古代州府城市的生产和生活。其中较大的湖泊，兼具城市军事防御、旱涝水利调蓄、农业生产灌溉、城市居民饮水的多种功能，生态功能明显。潮州林光世在疏浚潮州西湖时，就直言，"方之杭颍，识者莫辨，侯之意非特为游观，设深池高垒，亦可壮一方堡障"③。

一、调蓄

城市水利建设和城市建设结合得十分紧密，防洪、饮水、抗旱是城市水利的基础功能。这些基础功能需要对水体进行调蓄来支持，岭南的水利设施早在南越国时期，广州就有木构水闸的控水设施对水体进行调度。

调蓄的关键一是堤坝，二是关涵。修筑堤坝可以稳定水位，对水体的流动进行控制。修筑关涵，则可以根据需要来调节水体。洪水来临时可以关闭抵御，而平日则可利用江水灌溉农田，维持农业生产，"涵则江与溪脉络相维处地，盖溪高于海，江高于

① （清）徐世昌. 晚晴簃诗汇. 卷一百九.

② 杨柳. 风水思想与古代山水城市营建研究［D］. 重庆：重庆大学，2005.

③ （明）解缙. 永乐大典［G］. 国家图书馆藏本：卷2263，六模，西湖.

溪，溪藉江水引入以灌田，而江涨则溪不能受，故设涵以时启闭。水小则启涵以通其流，水大则闭涵以遏其势"①。

桂林西湖水系是一个完整的生态调蓄系统，是伴随着城市建设而逐步形成的，"黑窑堰、赵家堰、桥头堰皆在城西，灌润甚广……或云即张维建闸复西湖之遗迹"。②

惠州西湖亦是如此，北宋治平三年（1066年）州守陈偁始筑堤建桥闸，通过历代经营，逐渐形成一系列的堤、闸、渠等工程构筑物，对惠州西湖的水体进行调蓄。郑侠在《惠州太守陈文惠公祠堂记》中有记载，"丰湖湮废，岁以涨潦为患，至于漂溺人物。公为之筑重堤，以障其患；或堰或闸，以闭以泄，各得其宜"。这个调蓄系统一直伴随着惠州城的城市发展，直到清代还在发挥着作用。

> 湖回环二十余里，分里外为三堤，间之以为蓄泄。入江有二道，一自城外入江，一则贯北门而进。水中有小洲曰鹅洲。官城形似鹅，洲其嗉也，四面甃之以石，其水旋绕城中，自南门而出入江，故南北有两水关云。③

惠州城建于东江畔，西南方向为群山。古时候没有红花湖水库，汛期需要同时面对周围山洪和东江水的威胁，惠州西湖起到了调蓄的作用，"西湖的存在犹如一水库，可对过量雨水起到调节作用，减轻降雨对城区的影响"④。

琼州西湖的调蓄功能对下游的琼州府有着特殊的意义。每当雨季来临时，古代琼州府往往会面临上游来水和下游海水倒灌的侵扰。琼州西湖周边多为蜂窝状火山石地貌，在地势低洼之处将上游的来水截流，保证了下游琼州府的防洪安全，是处于下游的古代琼州府的生态屏障。

位于琼州西湖旁的龙婆西湖庙现仍留存有明清时期的碑刻，其中清乾隆十七年（1752年）和嘉庆三年（1798年）的石碑上刻有琼山县对于龙婆西湖庙祭祀规模的具体要求，说明龙婆西湖庙的祭祀活动一直持续。此类祭祀行为的不断发展，意味着直到清代，琼州西湖都在稳定地发挥着它的生态职能。

湖水的调蓄功能还有一个作用，就是可以调节小气候，"利用河流湖泊，建筑物置于夏季主导风向之下的河畔，近水或依水而建，凉风从水面吹来，产生凉爽之感"⑤，这在古代岭南园林建筑的实践中取得了良好的效果。

古代惠州府城在西湖一侧，归善县城在东江边，由于府城靠近西湖，惠州府城的气

---

① （清）陶元藻. 海阳南涵碑记［A］. 卷118，工政24，各省水利5//（清）贺长龄. 皇朝经世文编［G］. 上海：上海广百宋斋校印本，1826.

② （清）吴征鳌，黄泌，曹驯. 临桂县志［G］. 桂林：桂林市档案馆馆藏本：卷12，山川志序.

③ （清）檀萃；鲁迅，杨伟群，点校. 历代岭南笔记八种［M］. 广州：广东人民出版社，2011：217.

④ 梁仕然. 广东惠州西湖风景名胜区理法研究［D］. 北京：北京林业大学，2012.

⑤ 陆元鼎. 南方地区传统建筑的通风与防热［J］. 建筑学报，1978（4）：36-41，63-64.

候就比归善县城要舒适，"惠州、归善两城止隔一江，而气候各别。郡城高凉，县城暑湿，此不可解"①。

二、涵养

水体往往是各种生物空间运动的必经之地，调蓄湖泊的出现，就成了天然的生物休养生息之所。由于关涵和堤坝的存在，使得生物可以在此间得到涵养，就具有生态上的意义。

无论是儒家、释家还是道家，都提倡对动植物以仁爱，反对滥捕乱杀、乱砍滥伐，"这不是对动植物仁爱，乃是为人类自己考虑。儒家的生态思想，都是以人为中心的"②，由此引申出古代一项生态制度——放生池制度。古代岭南州府园林中，潮州西湖、惠州西湖、药洲等都曾作为放生池。辛弃在《重辟潮州西湖记》中指出，放生池的作用有三，"一以祈君寿，二以同民乐，三以振地灵、起人物，一举而众美具"。

到了宋代，潮州放生池的管治更是扩大到潮州城之外的山水之中，知州王大宝曾写下一篇《放生池记》：

> 天地之大德曰生，圣人替天地，范阴阳，载成滋育之化，以蕃庶类之殖。羽腾蹄逸，鳞流介息，蠢动根荄，均被其泽，德亦大矣。绍兴癸亥夏，诏郡县访唐旧迹，置放生池。申严法禁，以敦忠厚之风。潮于西山之麓，淹烟湖余壤，仅存步亩，莲沼以奉约束。索鱼于筌，倾缶以注，邀禽于笼，附掌而扬。治袭浸久，罔有革之者。恭惟太上皇帝，体尧舜以推至仁，稽商周以恢洪业。③

宋代的放生池制度起源于北宋真宗时期，沈杨认为"以西湖为放生池"包含儒家统摄佛教的考量④。在我国古代，进行工程建设是需要向上级汇报的。根据《宋刑统·擅兴律》的法条，兴造池亭宾馆类的建筑，必须要申报且合乎时宜，不得在非农忙时节进行，"若作池亭宾馆之属及杂徭役，谓非时科唤丁夫，驱使十庸以上，坐赃论"⑤。

借助放生池的契机，以皇帝的名义，就可以顺势营造一系列的风景建筑。这样的做法不是孤立的，如南宋赵汝愚营治福州西湖的时候也有考量，"兼照得本州旧无放生

① （清）檀萃；鲁迅，杨伟群，点校. 历代岭南笔记八种［M］. 广州：广东人民出版社，2011：217.
② 赵杏根. 宋代放生与放生文研究［J］. 上饶师范学院学报，2012，32（2）：53-59，91.
③ （宋）王大宝. 放生池记［A］//（明）解缙. 永乐大典［G］. 国家图书馆藏本：卷5345.
④ 沈杨. 论宋真宗"以西湖为放生池"的始末和意义［C］. 成都：2016东亚文献与文学中的佛教世界国际学术研讨会论文集，2016：375-379.
⑤ （宋）窦仪，等，撰；吴翊如，点校. 宋刑统［M］. 北京：中华书局，1984：262.

池，如蒙朝廷许从今来所请，仍乞将上件西湖至南湖一带，尽充本州放生池，禁止采捕，仰祝两宫无疆之寿"[①]。

"两宫"所指的是皇帝、皇后，或者皇太后。宋代的放生活动一般于佛诞日、皇帝寿辰、太后寿辰等特定的日子进行祝圣仪式。放生仪式需要一系列的祈祝、颂词等，林嶷在潮州西湖南滨所建的放生亭，便是为了这个放生仪式所使用的。

早在宋代开国时期，就确立了宋皇拥有与佛祖同等的地位，"赞宁把宋太祖当成'现在佛'，认为佛祖是'过去佛'，以'现在佛不拜过去佛为理由'，提出皇帝不要拜佛主，并使之成为制度"[②]。诏令建设放生池作为一项制度，通过在佛诞和皇帝的生辰均举办放生活动。从当时的背景来看，这赋予了放生池极强的政治意义。

王大宝记载潮州的放生活动，主要是在放生池中放生鱼类和鸟类，"索鱼于筌，倾缶以注，邀禽于笼，附掌而扬"。这样的做法被今人认为有着生态含义，"历代政府中多有将西湖作为放生池的诏令，而一旦将西湖或某一区域作为放生池或放生所，往往也同时禁止在这些场所、区域捕猎，实际上也等于将这些场所、区域作为生态保护区保护起来"[③]。以皇帝的名义兴建的放生池，是维持这个"生态区域"最为强力的保证。"放生池"的功能维持，可以（暂时）确保湖面的完整，这是湖山空间形成的根本。

三、防灾

古代岭南城市需要面对的城市防灾问题，主要有防洪、防旱、防火、防雷、防风等，其中防雷亦是防止雷击生火，所以防洪、防旱、防火、防雷这四个防灾点内容，都与水相关。

在今端州星湖的石室洞北口的璇玑台上，有一石刻，"甲辰六月初二日，崩围，水面浸到此石为记"，这就记载了道光甲辰六月初二（1844年7月16日）西江大水的水位，是西江水位已知最早的人工记录。从这个记载的水位来看，几乎整个肇庆平原都在淹没范围之内。可见，防洪的问题是古代岭南州府城市要面对的头等大事，一方面是通过城墙的修建来抵御，另一方面就是通过调蓄来实现防涝、防旱等。事实上由于洪水泛滥，古代肇庆府城周边的村落就一直沿着山冈布局，"一直到现在，肇庆的村子都是在山冈处"[④]。星湖原为西江古河道，又被称为沥湖，沥湖上有许多大小不一的池沼，降雨充沛时又会被洪水淹没，从唐代就开始的堤围建设就不断地同这个自然现象做斗争。清屈大均在《广东新语》中指出这个沥湖对于肇庆防洪的功用。

---

① （明）解缙，编撰；周博琪，主编. 永乐大典（第2册）[M]. 北京：中国戏剧出版社，2008：489.
② 刘兴邦.《中国佛教史籍概论》的文化诠释[J]. 五邑大学学报（社会科学版），2001（3）：36-39，47.
③ 张晓滢. 生态环保视域下放生民俗及其当代异化研究[D]. 济南：山东理工大学，2016.
④ 钟国庆，陈学年. 基于尊重自然和历史的肇庆市城市水系与水景观规划研究——从肇庆的古河道到"蓝宝石项链"[J]. 中国园林，2011，27（2）：44-49.

古时肇庆称两水夹州，盖西江之水，一从城南出羚羊峡，一从七星岩前出后沥水。今此水淤塞，半为田，半为沥湖。沥湖者，言西江之馀沥所成也。两水夹州，则西江势分，无泛滥之患，形势更宜。非常之人，当复有疏凿之者[①]。

一方面，岭南地势北高南低，水流大体上以向东南流为主；另一方面，由于地球是自西向东旋转，泥沙易在西岸堆积，淤塞湖面水道而形成水患。岭南的城市选址往往在山环水绕的小盆地结构之中，城市西侧的方位就易受到洪水的攻击。在城市西侧设立缓冲的水域，是朴素的智慧。岭南地区有西湖的州府城市主要有潮州、广州、桂林、雷州、琼州等。

州府园林中的广大湖泊，是古代州府城市外围的缓冲区域，在平时，是一个供人们生产、生活的风景湖泊，一旦城市抵御不住大洪水的侵蚀，整个区域就被用于分洪，用这种朴素的方法来保障古代州府城市的防洪安全。

针对防火以及防雷击着火的措施，主要还是规划蓄水系统，以便就近汲水。潮州西湖、桂林城湖、惠州西湖等州府园林都和州府城市城濠有着千丝万缕的联系，城壕在古代就有防卫城市火灾的功能。

四、物质交换

古代岭南气候比较炎热，干旱亦时有侵袭，如包拯知端州、苏轼贬儋州时都有教当地人挖井抗旱之事。事实上，古代城市解决城市内的人畜饮水、排泄之事是十分不容易的。倘若能够在城市附近蓄水成湖，那么这个湖泊的水可以渗透到地下水系统，对于改善泉水的盐碱程度具有很大的帮助，对城市饮水安全可以起到保障的作用。如惠州地咸，井水不适合饮用，城内居民饮水不便，后将惠州西湖的东江水经涵碧关引入城内鹅湖，就解决了城内居民的饮用水问题。

"惠州城中亦无井，民皆汲东江以饮。堪舆家谓惠称鹅城乃飞鹅之地，不可穿井以伤鹅背，致人民不安，此甚妄也。然惠州府与归善县城地皆咸，不可以井，仅郡廨有一井可汲而饮云。"[②]

陈小凡对潮州古城发展演变研究后得出，宋代的潮州城内应该有若干河道引流西湖水或韩江水，"从道路上还有桥梁分析，市内应有若干河道，应该是引西湖水或韩江水的干渠"[③]，通过引入西湖之水，城市内的积水、废水都可以通过此来进行交换。这种物

① （清）屈大均. 广东新语 [G]. 北京：国家图书馆藏本：卷3，山语.
② （清）李调元. 南越笔记 [M]. 北京：中华书局，1985：卷3.
③ 陈小凡. 潮州古城发展演变及保护研究 [D]. 广州：华南理工大学，2010.

图3-2-1　明崇祯四年的惠州西湖

（来源：笔者改绘自《明崇祯四年东坡寓景全图》）

质交换的功能保障了古代城市的持续运行。

　　端州城就日复一日地通过城市水系同端州星湖、西江水进行水体的循环净化，吐旧纳新。北宋大观三年（1109年）索述在七星岩的题刻就指出端州星湖具有"四时吞吐西江水"①的生态功能。吴庆洲指出，古代惠州城内的积水、废水，通过其排水渠沟系统，以城内鹅湖为主干道，在钟楼关设闸，"涸则张其闸，涨则泄其潦"，再向惠州西湖排放（图3-2-1）。"自北泄者，经拱北堤，与东江之水会；自南泄者，经南堤，与西枝江之水会；而中则由盘水关穿城入百官池，经公卿桥湍泄钟楼堤，达于西江"②。

　　岭南州府园林所在的空间区域，通过一系列调蓄、涵养、防灾、物质交换等功能的导入，保障了古代州府城市的正常运行，并展现了一幅山清水秀的美好生态境域。

第三节

服务生产的风景空间

一、农业灌溉的用水来源

　　岭南州府园林对农业生产起到了保障作用。在岭南的气候条件下，农业生产要同时

---

① （清）翁方纲，著；欧广勇，伍庆禄，补注. 粤东金石略补注［M］. 广州：广东人民出版社，2012：276.

② 吴庆洲. 惠州西湖与城市水利［J］. 人民珠江，1989（4）：7-9.

抵御旱季和雨季。旱涝都会对农业生产造成影响，这些近郊湖泊形成的调蓄水体，就成为保障城市周边农业灌溉用水的主要水源地。

唐景云年间，邕州司马吕仁，"在邕州城南修筑分水渠，消除了郁江水患问题"[①]。这次修筑被认为是促使了邕州南湖的形成。宋皇佑年间，邕州府在邕江的支流修建了规模庞大的铜鼓坡水利工程分流洪水，支持了邕州城近郊的农业生产。

潮州在唐代开始修筑北门堤，防御韩江水患。宋元祐五年（1090年），潮州知州军事王涤在任的时候开凿了芹菜沟，后人拓展为三利溪，它东联韩江，西连西湖，引西湖水"通三利溪灌西关外北厢陈桥、八家尾、仙子围、七圣庙、新埔、南厢、马围等七乡田一千九百五十余亩"，成为潮州近郊农业灌溉的主要水源之一。尤其在干旱季节，西湖的作用就显得尤为重要了[②]。换言之，通过北门堤的关闸调控和潮州西湖的调蓄，三利溪成为通灌潮属三县的水利体系，支持并促进了古代潮州府地区的农业生产（图3-3-1）。

雷州半岛境内河流源短水浅，水量调蓄能力低，土壤蒸发量大，为我国五大干旱地区之一。由于雷州离海较近，常有咸潮。为了抵御咸潮、飓风等自然灾害，辅助农业生产，宋代开始逐步对雷州的水系进行治理，"捍海堤、特侣塘、张赎塘、西湖及何公渠、戴公渠便构成了一贯纵横交错的水利网络"[③]，形成以雷州西湖为主体，经由何公渠、戴公渠、特侣塘流向南渡水的城市水系，为古代雷州城近郊的农业生产提供了灌溉水源，"特侣塘广四十八顷，未知军事何庚所开，与海康西湖水合，以灌洋田万顷"[④]。这样的水系由宋代之后一直经用至清代（图3-3-2）。

图3-3-1 宋代潮州西湖复原想象

① 任渝燕. 唐代岭南地区的生存环境［J］. 文学界（理论版），2011（3）：135，153.

② 卢青青. 潮州西湖造园历史与特色研究［D］. 广州：华南理工大学，2015.

③ 梁林. 基于可持续发展观的雷州半岛乡村传统聚落人居环境研究［D］. 广州：华南理工大学，2015.

④（清）盛康. 皇朝经世文续编［G］. 武进：思补楼刻本，1897：卷119，工政16，各省水利下.

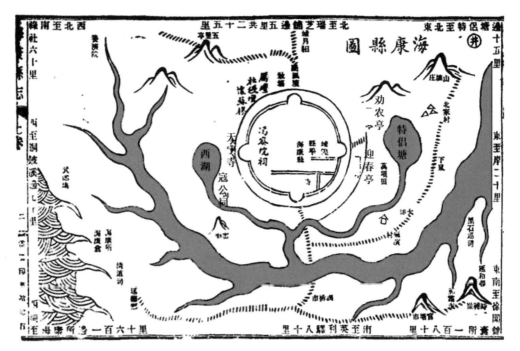

图3-3-2　清代雷州西湖与雷州城
（来源：笔者改绘自清康熙《海康县志》）

　　罗湖者，西山诸流所汇，自宋时何、戴二太守筑堤成湖，而开东西二闸，引水西流以溉白沙田，引水南流以溉东洋田，民大获利。岁久淤塞，治雷者能以此为先务，则雷民其不饥矣。又潮称海郡，海水咸卤，不宜于田。凡三农皆藉溪潭以收灌输之功，水少则引之溉田，水多则泄之归海，于是乎岁无涝旱，而田亦无荒废。潮民之以水讼者比比矣，有司者当询其利病以断之。[①]

　　北宋初年端州水利设施大量兴建，使得端州在农业发展有了大的突破，知州陈尧雯推广种植芝麻，包拯建丰济粮仓等都与之关联。"跃龙渠凿通后，沥湖反变成近似于珠江三角洲特有的田塘。由于水位下降，原被湖水淹没的土地，逐渐被开垦为稻田……沥湖范围的缩小，也导致七星岩风景区景观的改变"[②]。在今星湖仙女湖附近的辟支岩，"有水自岩端下注，溉田数百亩，土人于此祀禾花仙女以祈岁"[③]。

　　琼州西湖虽然仅十余亩水面，但是在古代是明代周边民众重要的水源灌溉地。琼州西湖地处今海口羊山地区，琼州西湖的水系和古代琼州府城的水系相互贯通，是古代琼州府城的上游。羊山地区为火山地貌，地表覆盖着大量的蜂窝状火山石，因此难以积蓄

①（清）屈大均. 广东新语［G］. 北京：国家图书馆馆藏本：卷2，地语.

②　牟荻. 肇庆市城市滨水区城市设计研究［D］. 西安：西安建筑科技大学，2006.

③（清）屈大均. 广东新语［G］. 北京：国家图书馆馆藏本：卷3，山语.

水体。琼州西湖的存在，解决了当地居民的日常生活、生产用水，根据《大清一统志》中记载，"西湖，一名顿崖潭，在县西十五里，有玉龙泉出自石窦，寒冽甘洁，汇而为湖，溉田千顷"。溉田千顷虽然是一个概述，但一方面说明了琼州西湖对周边居民农业生产的重要性；另一方面，围绕着琼州西湖应该遗留有沟、渠、陂、塘等灌溉设施。

蓄水之后的湖水则广泛用于农业灌溉，这些湖泊的调蓄支持，农业灌溉的水源得以保证，农业生产凭借此利取得了较大的发展。

二、湖泊的生产

除了灌溉农田菜圃，湖泊本身具有生产功能。湖水可以用于种植菱、荷等水生植物，也可以养殖（或者捕捞）鱼虾，在古代产生极大的经济效益。端州星湖七星岩前身沥湖，水源主要来自西江泛滥之后的余沥和星湖北侧北岭山上流下的溪水。沥湖在春夏之间潦涨，成为鱼、莲藕、菱茨生长的绝佳之地，所谓"平湖菱茨花皆发"[1]。端州针对西江早期堤围的建设，开始改变了沥湖一带的水域面貌，使得端州星湖（沥湖）中的低地处出现了大大小小的池沼水塘，当地居民利用这些水塘进行水产养殖，至明清时期，肇庆的鱼市已具有很大的规模。

由于惠州西湖的出产极丰，所以又谓之丰湖，"林俛《丰湖集序》云，湖之润溉田数百顷，茝藕蒲鱼之利岁，数万民之取于湖者，其施以丰，故曰丰湖，旧记谓即鳄湖非也"[2]。苏东坡曾在丰湖上钓鱼，"钓鱼丰乐桥，采杞逍遥堂"。清代檀萃就曾在惠州丰湖的古榕泉旁获得一尾鳜鱼，就地烹饪，香味四溢。屈大均《广东新语》、李调元《南越笔记》中对惠州西湖的出产有记载鳜鱼（图3-3-3a）、藤菜（图3-3-3b）都是丰湖之特产。

（a）东江鳜鱼　　　　　　　　　　　　　（b）藤菜

图3-3-3　古代惠州西湖的出产
（来源：网络）

---

①（清）施闰章. 学馀堂诗集［G］. 北京：国家图书馆馆藏本：卷34.
②（清）查慎行. 苏诗补注［G］. 北京：国家图书馆馆藏本：卷39.

藤菜，一名落葵，蔓叶柔滑可食，味微酸，宜以羹鱼，出惠州丰湖者尤美。子瞻诗："丰湖有藤菜，似可敌莼羹。"其子有液紫红，可作口脂。或有诗云："口红藤菜子，不用市胭脂。"或以子蒸过，去皮作粉，涂面鲜华。①

其最微细而美者，曰鰗鱼。春时自岩穴中出，状似初化鱼苗。宜干之，食以姜醋。曰银鱼。以秋九月出，九月有风曰银鱼风。谚云："九月银鱼出水长，银鱼风起水泱泱"是也。其出惠州丰湖之第一桥下者，长二黍许，光滑无鳞，表裹朗澈。②

邕州南湖则是盛产篲笋，唐代刘恂在《岭表异录》中就有记载，"邕溪篲笋，交广犟摩笋"。唐代桂林隐山西湖中生产莲藕，"荷底水红，奠者取，饥者采，与人同利，恨斯池之不大也"③。

药洲是一个比较特别的案例，南汉时期的药洲是南汉国主的御苑，南汉国土追求长生不老之术，在其中"尽种琼芝与瑶草，氤氲花药春冥冥"。

三、农业生产的风景化

岭南属于典型的稻作农耕文化区，农业生产以水稻为主要农作物品种。水利设施的兴建使得水田的种植更为方便。由稻作的农田生产形成的农业景观，有一个十分雅致的词汇，称之为"观稼"。顾名思义，"观稼"就是观看、观察庄稼的生长。以此为出发点，岭南州府园林中营建了观稼亭、观稼轩等建筑。如北宋元丰元年（1078年），端州太守杜公抨就曾外出连州海阳湖所在的西郊地区视察农业生产，后又与同僚出游大云洞石室，作宴与揽翠亭、栖岩院。"元丰元年戊午秋七月辛丑，太守杜公抨观稼西郊，因招番禺令李勃、曲江掾刘经臣游大云洞石室，遂作乐，宴于揽翠亭，凡二十刻。乃泛舟南下，终饮于栖岩院幕下，郑观辅行瑾勒诸岩壁，以记其盛云耳"④。又如，潮州西湖山李宿所建的观稼亭就是为了观赏稻田而设，从观稼亭向西望去，潮州府城西面一片郁郁葱葱的稻田和西湖水相映成趣。清代郑光治重建潮州西湖观稼亭后，为观稼亭题联一首，"青峰环郭绕，碧树倚天扶"。

海口五公祠的观稼亭始建于明代，为纪念苏东坡指凿双泉，灌田千亩，造福桑梓的功绩。该亭在明末清初时被毁，清代琼州知府贾堂深感观稼亭对教化当地百姓黎民、思忆先贤丰功伟业有远深意义，便在旧址重建。清张育春在《重修观稼亭记》中记载："亭

① （清）屈大均. 广东新语 [G]. 北京：国家图书馆馆藏本：卷27，草语.
② （清）李调元. 南越笔记 [M]. 北京：中华书局，1985：卷10.
③ （唐）韦宗卿. 隐山六洞记 [A]. （清）董诰，等，辑. 全唐文 [G]. 北京：国家图书馆馆藏本：07部，卷695.
④ （清）翁方纲，著；欧广勇，伍庆禄，补注. 粤东金石略补注 [M]. 广州：广东人民出版社，2012：249.

前为平坂，旁湢清泉，有溪流一道，自东环流而西，两旁绮丽交错，阡陌纵横，士大夫游息于此，比之裴中立绿野堂，洵城北一名胜。"

对于湖泊养殖、捕捞所形成的农业景观，则更为雅致，如"西湖渔筏"是宋代潮州的八景之一，渔民驾驶渔筏在湖光山色中抛网捕鱼，游人在岸边的柳堤与虹桥之间品赏这一景致，本身就是一种趣味。宋代刘放《惠州丰湖》中对惠州西湖农业生产的景致描写到，"芰荷争秀发，鱼鸟恣潜泳。新畴日已多，耕者乐其盛"[①]。

陈偁知惠州时，惠州西湖就有"鱼鳖蒲莲之利，悉归于民，奏免课钱"[②]，惠及惠州百姓"五十余万民感其惠，建祠祀焉"[③]。无论是荔浦、桃源、渔樵、舟楫，呈现一片"湖之丰、渔之乐"的生产性景观，体现了惠州西湖八景中"丰湖渔唱"（图3-3-4）和"半径归樵"（图3-3-5）的胜景。

这样的生产活动在当代还有部分在进行，如20世纪70年代，当时惠州西湖的广大职工和干部在自力更生，艰苦奋斗的号召下，认真实行"园林绿化结合生产""以湖养湖，以湖建湖"的方针，把惠州西湖建设成为既是风景湖又是活鱼库[④]。南宁南湖到冬季都会有组织地对湖中的鱼进行捕捞，一方面防止冬天湖水缺氧造成湖鱼死亡，污染水体；另一方面捕捞的湖鱼亦可用于食用。在湖中进行捕捞作业是一系列动态活跃的景观活动，吸引了大量市民驻足观看。但这类行为和古代纯粹的基于农业生产的景观，已经有着巨大的差别（图3-3-6）。

生产性功能在风景之中的介入，既发展了生产，又丰富了风景的一系列动态特征，

图3-3-4 丰湖渔唱图
（来源：清《徐旭旦惠州西湖志》）

图3-3-5 半径归樵图
（来源：清《徐旭旦惠州西湖志》）

① （宋）刘放. 彭城集［G］. 北京：国家图书馆馆藏本：卷3.
② （清）郝玉麟，鲁曾煜，等，编纂；陈晓玉，梁笑玲，整理. 广东通志［G］. 广州：广东省立中山图书馆藏本：卷37.
③ （清）郝玉麟，鲁曾煜，等，编纂；陈晓玉，梁笑玲，整理. 广东通志［G］. 广州：广东省立中山图书馆藏本：卷37.
④ 佚名. 既是风景湖又是活鱼库——惠州西湖养鱼生产大发展［J］. 水产科技情报，1975（8）：19.

图3-3-6 南宁南湖冬季的捕鱼作业

扩展了风景的观景层次。在今天看来，这是一种很好的景观营造理念，当代景观理论界形成了大量可食地景的研究，这与古代州府园林的做法是一脉相承的。

四、交通运输及风景游览

水体是岭南州府园林的主要组成部分，古代通过水来组织交通，州府园林也承担交通运输的功能。如，惠州西湖的舟楫之利，促使惠州府城的周边村庄

图3-3-7 合江罗带图
（来源：清《徐旭旦惠州西湖志》）

将农产品运往平湖一带交易，对古代惠州城的商业功能也是一种促进作用。从惠州西湖八景《合江罗带》图中可以看出，古代惠州西湖的许多建筑都是临水修建，然后通过舟楫交通（图3-3-7）。

宋代，潮州人民又修筑三利溪通潮州西湖，"三利溪的开凿，对于潮属三县的航运、灌溉起着重要作用"[①]。

宋代桂林的州府园林建设，逐渐从"山、洞"扩展到"水"的建设，宋人认为桂林

---

① 郭培忠. 古代的潮州 [J]. 中山大学学报（自然科学版），1983（1）：137-141.

山有余而水不足，挖掘了"南阳江"（榕溪），在城西开挖了"壕塘"，后又疏浚了西山西湖，修建朝宗渠将诸水连成一体。宋代桂林完善了城市水系，使得桂林州府园林的山水风景更佳，形成了十分有特色的水上游览活动。

宋代桂林的城市水系已经可以沿水游览，既可以供游人泛舟游览，又可以便利舟楫。桂林西湖与桃花江相通，连接榕杉湖，水流注入漓江，朝宗渠从城北引漓江水入西湖，构成一个环游的水上通道。沿朝宗渠入城壕可以游览隐山桂林西湖，然后由西湖而下入榕杉湖，再入漓江观赏漓江两岸和桂林府城，静江府近郊的胜景则皆可沿漓江水而游。

宋代范成大在《桂海虞衡志》中就指出，"歙之黄山，括之仙都，温之雁荡，夔之巫峡"，虽有胜景但都在，"荒绝僻远之濒"，而桂林山水连城，"去城不过七八里，近者二三里，一日可以遍至……玉笋瑶篸，森到无际……如此诚当为天下第一。"[1]城在山水中，舟游桂林的风景名胜，成为宋代桂林游人皆赞的主题。

端州七星岩在星湖之上，可通过舟楫在沥湖中对其游览，"在从石室而西，半里则为天柱岩，又里许为蟾蜍岩，又半里许为仙掌岩。西北二里曰阿陂岩，延袤凡数十里，沥湖环流其下，可通舟楫"[2]。图3-3-8为古沥水河道至现在仍然在运作的一个通往西江的渡口，在古代，舟楫就可通过这个羚山涌沟通沥湖和西江。

图3-3-8 西江上的一个渡口

① （宋）范成大. 桂海虞衡志［G］. 北京：国家图书馆馆藏本：志岩洞.
② （清）顾祖禹. 读史方舆纪要［G］. 北京：国家图书馆馆藏本：卷110.

第四章

经世致用的公共园林

我国古代以自然山水为本底而进行营造的风景园林，其归类还一直处于开放的讨论之中。以空间尺度分，则有山水园林的归纳形式（但是皇家园林中的颐和园亦有山水），此外，还有名胜园林、邑郊园林、公共园林等归纳形式。"西湖西子比相当，浓墨杭州惠淡妆；惠是苎萝村里质，杭教歌舞媚君王。"这是清代吴骞描述惠州西湖的一首诗，这实际上指出了惠州西湖不是高高在上的皇家园林，而是"与民同乐"的"公共园林"。

谈到公共园林（公园），大家往往会认为这是近代以来的舶来品，而一讲到中国园林，往往又会对应到皇家的园林苑囿或古典私家园林。那么，在我国漫长的园林发展史中，就没有"公共园林"的存在么？这并不是一个容易回答的问题。

就当前的研究来看，我国古代的公共园林并不是古典园林理论体系的一个组成部分。皇家园林、私家园林和寺观园林等几个主要的古典园林类别，学界的研究已经十分成熟，而对古代公共园林的研究还存在很多不足。就古典园林中的"公共性"这一基本概念来看，学术界目前还处于比较审慎的态度之中。有学者认为，之所以争议巨大，"首先是因为它在园林史上出现的时间较晚，其次是存在数量不多，再次是文献记载较少，也没有针对公共园林的总结性专著"[①]。

王劲韬则认为，"中国古代园林从来就不乏公共性特征。那种过于强调中国古典园林的封闭、小众化特征，甚至将其作为阶层对立的物化形式，认为古代园林是皇家贵胄和有闲文人的专属品，与大众无缘，因而不适宜现代城市的观点，至少是片面的"[②]。毛华松则更为尖锐地指出，"在中国，对这类向民众开放的公共园林的认知经历了前期的无视，20世纪90年代研究的兴起和当前研究深入的过程"[③]。

然而，从"公共"这个概念发展的历史来看，古代中国并没有现代意义的"公共"概念，而今天所探讨的"公共园林"无疑是建立在现代社会基础上的，因此，需要我们重新审视"公共"与"公共性"这组概念。

---

① 罗华莉. 中国古代公共园林故事性研究 [D]. 北京：北京林业大学，2011.

② 王劲韬. 中国古代园林的公共性特征及其对城市生活的影响——以宋代园林为例 [J]. 中国园林，2011，27（5）：68-72.

③ 毛华松. 论中国古代公园的形成——兼论宋代城市公园发展 [J]. 中国园林，2014，30（1）：116-121.

第一节

关于公共本身的认识

一、公共园林和园林的公共性

北宋定都开封，又称汴京，《汴京遗迹志》记载北宋时的汴京有梁园、芳林园、玉津园、下松园、药朵园、养种园、一丈佛园、马季良园、景初园、奉灵园、灵禧园、同乐园等园林，"皆宋时都人游赏之所"①。其中，芳林苑为宋太宗潜邸所改建，同乐园为宋徽宗所建，意为与民同乐，这就充分说明宋代园林存在着一些公共、开放的特征。然而，需要斟酌的是，具有"公共性"特征的古典园林，就是公共园林么？显然，公共与公共性是有差别的两个概念，公共园林与园林的公共性并不能直接划上等号。如司马光营造的独乐园，曾一度对公众开放，并收取门票，这在某种程度上具有公共性特征，但是，显然不能与公共园林划上等号。

公共一词虽然缘起于西方古典公共建筑空间，但是严格来说，公共（The Public）一词，实质上是与私人（The Private）一词相对应的政治哲学概念。理论上对公共的定义学说众多，大体来看，主要是两类原则，一类着眼于公共与私人的相对关系，另一类着眼于公共本身所表现的形式特征，即公共性（Publicity）②。

就是说，公共性是公共的表现形式，公共和公共性之间在逻辑上不是一个互为可逆的关系，就公共本身而言，其表现的形式可以由公共性来得到明确，但其实质则必须回到其与私人相对应的关系上。显然，对应到公共园林的概念上，公共园林和园林的公共性也并不是一个完全对应的概念，"公共园林"具有"公共性"特征，然而具有"公共性"特征的园林则未必是"公共园林"。

岭南州府园林虽然依托自然山水而形成，但是其营造完全是附着于人的认识和实践，而"人的本质不是单个人所固有的抽象物，在其现实性上，它是一切社会关系的总和"③。也就是说，此类风景园林空间的营造和使用实际是一系列社会关系在物质空间的映射。

---

① （明）李濂. 汴京遗迹志［G］. 国家图书馆馆藏本：卷8.

② 毛华松. 论中国古代公园的形成——兼论宋代城市公园发展［J］. 中国园林，2014，30（1）：116-121.

③ Karl Marx，Edited by David McLellan. Karl Marx Selected Writings［M］. Oxford：Oxford University Press，2000：172.

二、中国古代的"公共"与现代西方的公共

在往日的"古典公共园林"研究中，在"古典公共园林"这个概念中，同样不停地嵌套了诸如公共空间、市民文化、开放结构等概念，这些移用都在不同程度上出现了概念上的混淆。例如市民文化，是针对中世纪基督教神权社会而产生的相对概念，中国古代社会中，任何宗教的发展都是从属于皇权之下的。

从"公共"一词概念的历史演化来看，西方社会的古典公共思想从古希腊的城邦生活中开始孕育，就西方公共园林发展而言，则是"包括从圣林到竞技场、再到公共园林和后来的文人园，是一个循序渐进的历史过程。"[①]同时，西方社会古代的公共概念，也同现代公共在概念上有差别，而今天所广泛存在的公共园林无疑是建立在现代性思维框架上的。

而无论如何讨论"公共"这个概念的内涵和外延，都可以明确，古代中国既没有西方古典意义上的"公共"概念，也没有现代意义的"公共"概念。"普天之下，莫非王土，率土之滨，莫非王臣"，没有任何"公共"所包含的众人之事，能够脱离皇权及其授权而存在。由于皇帝的存在是"受命于天"，从某种意义上来说，皇室及其官僚机构都是一种"公共"存在。这也说明了，涉及园林空间公共性的探讨，并不是一个纯粹的空间问题。

因此，如何去定义中国古典时代的公共园林就存在着适用性的问题。所谓的"古典公共园林"是古典公共意义下的"公共园林"？还是现代意义下公共园林概念在古典园林中的嵌套？如果用中国古典的"公共"意义来定义"古典公共园林"，则会出现一个有趣的事情，古典园林中的皇家园林其实是一种"公共园林"，这显然不符合通常的认识。从另一个角度来看，如果在古典园林中生搬硬套地嵌入公共园林这个现代性概念，在逻辑上就无法自洽。但是，如果说我国古代没有一类公众可以使用的园林空间，这也是不符合事实的。

三、基于历史唯物的事实判断

事物无法凭空创造出来，任何事物的产生和发展都无法脱离其自身所存在的历史条件，"一切发展，不管其内容如何，都可以看作一系列不同的发展阶段，它们以一个否定另一个的方式彼此联系着……任何领域的发展不可能不否定自己以前的存在形式。"[②]历史唯物地看，事物的发展是动态迭代的，认识事物必须从事物发展的全过程出发，动态把握事物发展的特征，不能静止、机械、孤立地看待事物。

① 王丹丹. 园林的公共性——西方社会背景下公共园林的发展 [J]. 建筑与文化，2015（2）：121-123.
② 马克思恩格斯选集：第1卷 [M]. 北京：人民出版社，1972：169.

园林的营造是一类实践，无论理论上以何种原则去辨析概念，都需要明确，理论的形成是从实践中得来，并在实践中发展，因此对于园林理论的认识，要首先考察园林的实践。从具体的实践来看，如果说我国古代没有此类供给公众使用的风景园林空间，这是不符合事实的。

从"公共"这个概念本身出发，这种风景园林的营造，往往是由州府城市行政当局来完成，州府行政当局就成为代表州民的"公共机构"。从目的上看，营造州府园林也确实是为了州民之"公共"利益（For the Public Good），其营造中的"公"就是相对于"私"而存在，从而保证了足够的政治正当性（Political Legitimacy）来施行管治（Governance）。从实际的使用（Usage）上看，州府园林的使用对象就是州府城市的州民，也是公共开放的。

明代张岳在《信芳亭记》中指出，自唐代贺知章，宋代林和靖之后，天下的湖山已经很久没有真正的主人了，要不就是成为皇家的游赏之地，或是被地方豪强所据夺，似雷州西湖这样由于十分的遥远，可以保存其真正面貌的，十分难得。

> 贺知章，林和靖死，天下湖山无真主人久矣，其不幸据都防之盛，日酣于笙歌罗绮，又不幸则为势家之所据夺，欲如兹湖之沦于迢远，而全其真，胡可得哉？[①]

从这个文意来看，这里面的"真主人"所指的概念之中，实际是指向了雷州西湖的公共特征。明代雷州西湖并没有被"据都防之盛，日酣于笙歌罗绮"，亦没有被"势家之所据夺"，是归于公共所有的风景园林。

所以，涉及古代风景园林空间公共性的探讨，并不是一个纯粹的空间形态问题。纯粹基于空间的开放性形态和功能的分析，并不足以承载古代风景园林公共性这个命题的全部。由于公共性所表现的形式特征主要集中于对象在公共与私人的对应关系上，具体来说，则是主要从营治、使用两个角度来考察州府园林的公共性。

一方面，来自于"公共机构"（州府城市当局）的营治行为，及其投入公共资源的支持程度，可以视为其公共性特征的一个表现；另一方面，从纯粹的风景园林空间的使用功能来探讨，对使用人群的开放程度可以视作另一个公共性特征的表现。因此，探讨古代岭南州府城市近郊风景的公共性，需要大体从管治（Governance）和使用（Usage）两个方面来进行讨论。

---

① （明）张岳. 信芳亭记. ［A］// （明）黄宗羲. 明文海［A］//纪昀，等. 钦定四库全书［G］. 北京：国家图书馆馆藏本. 第332卷.

州府当局营治的空间区域

一、州府当局的管治责任

　　州府园林所在的空间区域是古代官员们游览的地方，这些实例在古代文献中有大量描写，这些空间在事实上处于州府当局的具体管治之中。如图4-2-1宋代潮州西湖的复原示意图中所展示的宋代西湖山水与潮州城密切的空间关系，实际是古代潮州府和行政官员们不断进行营治的结果。

（一）法律

　　我国古代的法律体系有着自身的特点，诸如皇帝的圣旨、上谕都是其法律体系的一部分，"中国古代与'法律'相关的概念有'法''律''刑''令''典'等"①。唐代开始，就强调地方官吏对于山野陂湖的治理，按《唐律疏议》，州府所在的山野陂湖任何人都不能随意占用，"诸占固山野陂湖之利者，杖六十。议曰：山泽陂湖，物产所植，所有利润，与众共之。其有占固者，杖六十。已施功取者，不追"②。《唐律疏议》是我国最早的成文法，这是以国家法典的形式，明确指出山川、田野、陂塘、湖泊都是国家法律

图4-2-1　宋代潮州西湖复原示意图

---

① 朱勇. 中国法制史［M］. 第三版. 北京：法律出版社，2016：5.
②（唐）长孙无忌，等. 唐律疏议［G］. 北京：国家图书馆藏本：卷26，杂律.

的管控范围，随意占有，其产生的利润，是公共的。《唐律疏议》中与州府园林管治相关的有，卷16擅兴的"兴造不言上待报、非法兴造、工作不如法条目"，卷20、卷21贼盗的"盗毁天尊佛像、山野物已加功力辄取"，卷26、卷27杂律的"侵街巷阡陌、占山野陂湖之利、失时不修堤防、盗掘堤防、失火及非时烧山野、私食官私田园瓜果、序幕毁器物稼墙、违令式"。

宋建隆四年（公元963年）窦仪编修的《宋刑统》在体例和条目内容上和《唐律疏议》相差不大，但是对于刑罚的处理则更为精细。唐代法制向宋代法制转化的情况十分复杂，大体来看，与空间管治相关的，主要是法律上对土地所有权的承认（私有制）和对地方官员明确责任。如林光世疏浚潮州西湖，就需要和西湖中的"豪户"进行商量，通过交易的方式"依元直售之"来获得，"豪户乐，此田为增湖设，相率而从"①。

根据《唐律疏议》《宋刑统》《庆元条法事类》的基本精神，法律上对于州府园林的管治主要集中在四个方面：（1）营建工程必须要上报，而且营造工程需要有明确的预算，营造的质量必须要过关；（2）堤防津渡等水利设施和水资源必须要妥善治理；（3）官员对城市近郊的空间区域的管治负有责任；（4）强调保护环境，禁止乱采伐。

从具体的行为来看，如李渤开发隐山时，曾与吴武陵等八人一同考察分析调研，最后形成建设方案，李渤的属下们提议，在崖壁上开凿栈道，在隐山顶建造庆云亭，在隐山洞口建造载酒之场，李渤均表示同意。由于吴武陵等人是有职务的属下，李渤为行政主官，就这个关系在今天看来，有点类似于进行了一次行政会议，并得到了批复执行。从韦宗卿《隐山六洞记》中，关于庆云亭的营造记载还可以得知，唐代时营造建筑，是有工程图纸的，这个图纸的审核人就是李渤本人，"是岁孟秋月，庆云见于西方，自卯及西，南北极望，万状竞变，五色相鲜。州吏请图以献之，公允而不阻。既而亭构，因目之为庆云亭"②。

在古代岭南州府城市近郊风景的管理实践中，州府当局往往通过明确的告示申明，违反告示即等于触犯法律。北宋元丰六年（1083年）的潮州西湖山上即有勒石告示："一不得狼藉损坏屋宇坛墙，一不得四畔掘打山石及作坟穴焚化尸首，一不得放纵牛马践踏道路。"③

这样的管治行为对于地方城市而言，是一个具有法律效力的行政行为。

（二）官员考核

古代水利建设对农业生产几乎有着决定性的影响，因此在唐代的律令、诏令中对于堤防的修建都有专门的要求。宋代，中央政府极为重视水利建设。北宋王安石变法后，

---

① （明）解缙. 永乐大典［G］. 国家图书馆馆藏本：卷2263，六模，西湖.

② （唐）韦宗卿. 隐山六洞记［A］//（清）董诰，等. 全唐文［G］. 北京：国家图书馆馆藏本：07部，卷695.

③ （民国）饶锷. 潮州西湖山志［M］. 台北：文海出版社，1924：82.

于熙宁二年（1069年）十一月颁布了《农田利害条约》，对农田的水利兴修做出了约定：

> 凡有能知土地所宜种植之法，及修复陂湖、河港；或元无陂塘、圩埠、堤堰、沟洫，而可以创修；或水利可及众，而为人所擅有；或田去河港不远，为地界所隔，可以均济流通者；县有废田旷土，可纠合兴修，大川沟渎浅塞荒秽，合行浚导，及陂塘堰埭可以取水灌溉，若废坏可兴治者，各述所见，编为图籍，上之有司。其土田迫大川，数经水害，或地势污下，雨潦所钟，要在修筑圩埠、堤防之类，以障水涝，或疏导沟洫、畎浍，以泄积水。县不能办，州为遣官，事关数州，具奏取旨。民修水利，许贷常平钱谷给用。①

《农田利害条约》的推行促进了全国范围内的水利建设，也推动了宋代岭南地区大范围、大规模的水利建设。终宋一朝，水利兴修一直是中央施政的主要政策，虽然宋代当政斗争十分激烈，但是无论政治斗争如何演绎，在具体的政策导向上，都保持着对水利兴修的大力支持。

宋代的地方行政内对于州府一级官员考核比较严格，"在州、县两级，知州、知县所受到的考核比其他官员明显要严格，这也是因为他们职任最重要、最全面之故"②。元祐四年（1089年）颁布的"四善三最"条目作为州、县两级长官的考核标准，"以德义有闻、清谨明著、公平可称、恪勤匪懈为四善。以狱讼无冤、催科不扰、税赋无陷失、宣敕条贯、案账簿书齐整、差役均平为治事之最；农桑垦植、野无旷土、水利兴修、民赖其用为劝课之最；屏除奸盗、人获安处、赈恤贫困、不致流移，虽有流移而能招诱复业为抚养之最"③。这些考核内容对州府城市近郊的空间形态管治，有着直接或者间接的联系。

虽然王安石变法在元丰八年（1085年）失败，但仍可看到，劝课之最的主要内容还是将"水利兴修"放在十分重要的位置，"农桑垦植、野无旷土"，这些考核内容，对城市近郊的空间形态改造都有着直接的关系。

及至南宋偏安之后，急需重整河山，恢复经济，重建社会秩序，因此对于州府的治理又尤以人口和生产为重，"自绍兴五年（1135年）立'诸路残破州县守令劝民垦田及抛荒殿最格'，绍兴八年又令县令在任所修水利数记入印纸，作为考核内容，旨在田土垦辟、户口增加"④。

要整治农田，支持农业生产，就要兴修水利。宋代是岭南古代水利建设的高峰时期，如邕州铜鼓陂水利工程、潮州韩江筑堤、端州西江筑堤、广州南濠的开凿、南雄州

① （元）脱脱，阿鲁图，等. 宋史点校本［M］. 北京：中华书局，1977：卷96，志第48.
② 余蔚. 宋代地方行政制度研究［D］. 上海：复旦大学，2004.
③ （宋）陈骙，京镗，等，纂修；（清）徐松辑. 会要［G］. 北京：国家图书馆馆藏本：职官59.
④ 余蔚. 宋代地方行政制度研究［D］. 上海：复旦大学，2004.

筑凌陂、惠州西湖的建设、东莞筑堤、潮州三利溪、雷州西湖和特侣塘等水利建设都是在这个时期大规模形成的。图4-2-2所示，是惠州西湖上的关闸，此处位置即原惠州西湖拱北堤，宋代始建并在其中设置关闸，从古到今，历代均有持续修葺整治。

图4-2-2　惠州西湖仍在运作的关闸

需要指出的是，考核之目的具有极强的政治性，考核的最终结果也并非纠缠于细节的真实与否，而在乎的是它实际治理的具体表现。换言之，即所在州府之地是否实现了"歌舞升平的太平盛世"的现实治理。

（三）风水习惯法

风水（风水术）在我国古代的营造建设行为中，是一个不可忽视的存在。过去针对风水的研究中，往往试图证明风水的科学内涵，或者强化风水的文化认识，这都使得风水的研究走向一个颇具争议的地带。毫无疑问，风水是一个前科学时代的工具存在，如果说风水的科学性也只能笼统地说它有部分科学的要素，而非自身体系遵守科学之规则。

实际上，风水针对古代营造建设行为的约束，可以理解为一种环境习惯法。近年来，大量法律学者在针对我国传统村落和少数民族村落中的习惯法进行研究时，发现了大量用以约束村民保护生态环境的习惯法，都是基于对风水的认识而产生的。"可以说，在任何民族的村寨规条上，维系村寨风水、财运和关系到村寨生存空间的风水树（林）、神树、井泉、水塘旁边的树等，都严禁砍伐、修枝"[1]。

我国当前的法律系统是成文法系统，而关于风水研究多着眼于文化认知，对于风水习惯法这个概念，首见于程泽时的《锦屏阴地风水契约文书与风水习惯法》一文中，"锦屏风水习惯法是在风水观念成为锦屏人所普遍认同后，在频繁的阴地风水交易行为中产生的"[2]。

无论是传统村落习惯法中风水约束，还是阴地土地交易中的风水契约，都十分明确地指向风水在古代的空间管治中是一种习惯法。

在古人看来，风水格局中一系列靠山、案山、明堂等风水要素的保护和建设，是关乎城市发展命脉的大事，需要予以重视。风水术中的空间认识，逐渐转化为一种地方普遍认可的观念，进而形成地方需要共同遵守的习惯，并得到了行政当局的认可，从而逐

---

① 李可. 论环境习惯法［J］. 环境资源法论丛，2006：27-40.
② 程泽时. 锦屏阴地风水契约文书与风水习惯法［J］. 民间法，2011：257-271.

图4-2-3 从风水术到风水习惯法的演化

渐变成一种古代空间管治的习惯法而存在（图4-2-3）。例如，潮州西湖在南宋庆元三年（1197年）就有风水术师认为，西湖的水向西流不利于潮州城市发展，需要对其进行改道重建。

> 宋庆元三年，术家谓濠西流不利，惑其说者凿堤为三关，取廊门石甃之，决河流东入于溪，地势东仰西流。如故五年，溪流暴涨水溃堤，知州沈杞率居民负土石塞之，濠复故流，日久民多侵居，填塞过半。[①]

从潮州西湖的这次建设来看，风水术的理论明显失败了。很难评价风水本身的科学因素，但是观察其在古代城市建设的作用，可以认为，风水在某种程度上扮演了类似政策法规的角色。

元至元三年（1337年），郭思诚在详细勘察桂林西湖后指出，"湖之湮塞，使郡之地脉枯结"[②]，地脉是风水体系的术语。把桂林西湖同城市的地脉相连，这样的认识实质上是把环境（风水）同城市的发展联系起来。

古人认为，自然山水的风水关系中，一系列不协调的形态是关乎州府城市发展的命脉，因此，不符合风水理论的州府城市近郊水系是要进行整治的。对于水而言，水的形态宜聚不宜散，聚合的水体形态有利于水体对周围空间形成控制和服务；对于山而言，山的形态不能让人产生不好的联想。而在山水中修建亭、楼、塔等一系列建筑在风水上又有强化的功能，如在水口山修建塔，在大的湖面建岛立塔，都成为风水习惯法约束和管控的内容。

二、官宦主导的风景营治

由于岭南州府城市近郊风景的尺度较大，对其进行营建需要十分审慎地判断。宏观上，营造之人必须有对山水城空间格局的基本判断；中观上，需要有调动或者协调州府一地资源的能力；微观上，需要有足够的文化底蕴和审美意识。因此，这就决定了在岭南州府城市近郊风景进行营建的行为并非一般居民可以进行的。事实上，这些营建活动往往是由古代具有"功名"的官宦人士来主导营治，如唐代元结之于连州海阳湖，宋代

① （清）郝玉麟，鲁曾煜，等，编纂；陈晓玉，梁笑玲，整理. 广东通志［G］. 广州：广东省立中山图书馆藏本：卷13.
② （元）郭思诚.《新开西湖之记》，石刻现存于桂林西山公园。

陈偁营治惠州西湖，明代唐伯元营治潮州西湖，明代王泮营治端州星湖七星岩等。无论是主政岭南州府城市的行政官员，还是谪贬的文人、官员，本质上都是带有"功名"的官宦人士。

这些官宦人士因为参与城市近郊风景建设而被后人感怀，后人以立祠的方式来纪念他们，如陈偁修建惠州西湖在宋代西湖畔建有陈公祠祭祀，雷州人在雷州西湖建有苏公祠、寇公祠，端州城外建有包公祠，琼州府学前水建有五公祠等。后人通过立祠的方式肯定官员造福一地百姓的政绩，是一种不断迭代强化的正向激励。

这样的建设方式贯穿于整个岭南州府园林的历史营建的进程之中，整个古代州府园林，都是在官宦的主导之下营造的，如明嘉靖十八年（1539年），雷州守孟雷在雷州西湖的湖心小岛上营造信芳亭，"累土增高作亭以临湖，亭成未及名而孟子迁去"；嘉靖二十一年（1542年），"斯亭而爱之，榱桷瓴甓已有坏者，为缮葺开拓加焕饰焉"[①]。

这些结合水利工程整治山水环境，进而风景营造的建设行为，是在历代州府官宦们的主导下，不断建设，最终成为一个服务于州民的公共园林。

三、社会参与和财政投入

（一）公共财政投入基本建设

古代城市营造时常在城外取土烧砖，城池修建完成后由于地势低洼，进而化为湖，这样的情况在惠州西湖、雷州西湖、桂林西湖、榕杉湖中都有所体现，如惠州西湖最早为郎官湖，"即鹅湖，筑城所凿池"[②]，说明郎官湖是建惠州城时所遗留。这些遗留的湖泊往往又附属于城市水利建设的一部分，在水利建设的基础上营造一系列风景建筑。

现桂林鹁鸪山南麓石崖，还留存有一幅南宋时所刻的《静江府修筑城池图》（图4-2-4）。在此图中详细描绘了南宋时期，静江府城与周边山水环境的空间格局，并在附列的修城记中列明开支用度，其中就有包括了用于城壕疏浚的开支，如李曾伯于宝祐六年（1258年）修城，"李制使任内创筑新城……修浚新旧壕河壹千捌佰捌拾玖丈"。其中城壕疏浚的开支中钱款的用度共有"军夫匠叁拾伍万肆千肆佰叁拾陆工；石叁拾贰万捌千块；木叁拾壹万肆千捌佰条；砖壹千壹佰伍万肆千片；石灰壹千肆佰肆拾万斤；钱叁拾陆万贰千柒百贯有奇，内：贰拾伍万贯系准朝廷科降，壹拾壹万贰千柒百贯有奇，经漕府支"[③]。可见在壕池的营建中，既有来自中央财政（朝廷）的转移支付，也有

---

① （明）张岳. 信芳亭记［A］//（明）黄宗羲. 明文海［A］//纪昀，等. 钦定四库全书［G］. 北京：国家图书馆馆藏本. 第332卷.

② （民国）张友仁，编著；麦涛，点校；高国抗，修订. 惠州西湖志［M］. 广州：广东高等教育出版社，1989：31.

③ 张益桂. 南宋《静江府城池图》简述［J］. 广西地方志，2001（1）：43-47.

来自职能部门（漕府）的财政拨款，地方上亦有人力物力的投入。

州府园林的建设投资巨大，具有明显的公共特征，一般老百姓根本无法营建尺度如此巨大的风景园林，"中国古代公共园林一般由官府出资或者官吏地方士绅号召出资修建"[①]。而建成后的日常维护和修缮，就更需要州府当局的财政投入了，因投入不足而荒废的情况时有出现。

从地方财政的角度考虑，公共园林由于尺度较大，既要取得好的效果又要减少投入，需要尽量减少工程量，减少工程量就要有一系列功能管理上的措施。

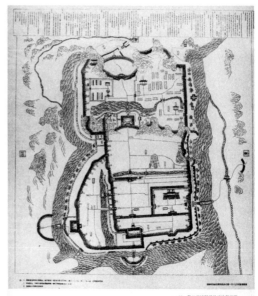

图4-2-4　静江府修筑城池图
（来源：《中国古代地图集·战国至元》）

对于隐山的开发，李渤在钱物等方面进行了精心准备，《新开隐山记》中说："于是节稍廪，储羡积，度材育功，为亭于山顶，不采不腠，倏然而成"[②]。在山顶建亭还需要"度材育功"，详细评估工程量，可见需要计算造价。这里的廪就是粮仓，粮食是古代主要的纳税物，所有工程量都可以折成粮食。李渤是北来官员，自身俸禄亦有限，捐俸不是不可能，但是从"节稍廪，储羡积"的行文来看，节约库房的粮食、储备多余物资肯定不是指向其个人。再者，根据《唐律疏议》的条文，官员亦不可擅自兴造建筑。

南宋开庆元年（1259年），林光世梭浚潮州西湖，亦是需要详细的计算工程量，"兴工于是年二月，浚河筑堤计伍伯叁拾余丈，费公帑缗钱贰仟叁伯肆拾伍贯……浚筑费较，初役倍焉。堤丈尺周围，计九百七十有奇"，思虑周全，"侯虑及此，可谓周矣"。由于西湖南边"初，湖之南，田属豪户三十八家，未易得掷节"，于是筹措资金征用民田，"计缗钱叁千叁伯八十一贯足，田种若干，详附左方故不书"[③]。这里的公帑即是古代州府的地方财政，动用公帑，就说明了林光世针对潮州西湖的营建行为是一种公共行为，使得因营建潮州西湖而产生的针对西湖南边豪户的民田征用，有了政治上的正当性。正如台湾建筑学者夏铸九指出的，"公共性界定的关键不在于什么永恒的品质，而在于其政治的特质……因此，公共性其实就是政治"[④]。

① 韦雨涓. 中国古典园林文献研究［D］. 济南：山东大学，2015.
② （唐）吴武陵. 新开隐山记［A］//（清）董诰，等. 全唐文［G］. 北京：国家图书馆馆藏本：07部，卷718.
③ （明）解缙. 永乐大典［G］. 国家图书馆馆藏本：卷2263，六模，西湖。
④ 夏铸九. 公共空间［M］. 台北：艺术家出版社，1994：14.

（二）社会广泛参与

在古代公共财政是相对薄弱的，城市建设还需要靠社会的广泛参与，营造和维护州府园林需要古人们通过社会参与的方式，如动用地方士绅的影响、制订民俗民规等，多方共同参与到州府园林的建设中来。一方面出于对环境的保育（风水的保护），另一方面也考虑了州府一地的社会发展。地方上的宗教团体、乡绅、名仕捐资参与营建的事迹也众多。

北宋绍圣元年（1094年）苏轼谪惠州，为助天庆观道士邓守安、栖禅寺僧希固修惠州西湖东新桥、西新桥，苏轼捐赠了御赐的犀带，此外还积极募捐，动员弟媳妇史氏把当年入宫得到的赏赐黄金钱数千捐赠出来。他在《西新桥》中写道，"'探囊赖故侯，宝钱出金闺'，自注云，'子由之妇史，顷入内，得赐黄金、钱数千，助施'"，赞美了弟媳史氏的善举①。御赐犀带、黄金数千，这个投入只是一个部分，这也说明了古代营建花费之巨大。若是不能得到社会广泛的、积极的公共参与，这个营建几乎是不可能的。西新桥落成之际，惠州"父老喜云集，箪壶无空携。三日饮不散，杀尽村西鸡"，是古代公众积极参与建设的一个侧面反映。

社会共同参与营建，主要来自于两个方面，一方面是个人的捐资（主要是地方有影响力的士绅），另一方面是来自于州府之外的公共机构，如书院、寺庙的介入。

岭南州府园林中建有大量的官学、书院，如潮州西湖在宋庆历（1041年）之前便有夫子庙存在，于九流将其迁往潮州城南，元祐四年（1089年），又将州学迁往潮州西湖；雷州西湖设于咸淳八年（1272年）的浚元书院是古代雷州的最高学府。

佛教传入岭南比较早，普遍在岭南城市近郊修建寺观，这些寺观多少和州府园林的发展有着千丝万缕的联系。如，药洲仙湖南侧的千秋寺、北侧的光孝寺、东侧的大佛寺；潮州西湖的净慧寺、元祐石塔；惠州西湖的栖霞寺、元妙观；雷州西湖的天宁禅寺；端州星湖七星岩旁的梅庵；桂林的西庆林寺、万寿寺、云峰寺、延龄寺、观音院、白鹿禅寺等。

道教和岭南州府园林的形成本身就有着不解之缘，五代南汉刘龑开凿宫苑，聚道家方士于湖中药洲炼丹，故得名药洲仙湖（广州西湖）。

儒、释、道三家的一系列营建活动对岭南的山水风景，对在自然山水间进行营造的岭南州府园林起到了积极的影响，共同塑造了岭南州府园林的空间特点。

来自古代州府公众参与和财政投入，说明了这些古代岭南州府城市近郊风景在事实上受到了州府当局的管治。公众参与意味着这样一种营建行为并非一种私人行为，很可能代表着公共利益，而公共财政的投入又强化了这一认识，从而赋予了州府足够的政治正当性，来保证对于空间的管治权。

---

①（民国）张友仁，著；吴定球，校补.　惠州西湖志［M］.　广州：广东人民出版社，2016：49.

服务州府官民的风景园林

一、官民共享的游赏之地

（一）游赏活动的兴起和普及

岭南州府城市如桂林、端州、韶州、广州、柳州等近郊的山水成为古代文人墨客们寻幽、探奇、游赏的场所。

根据现有资料的初步整理，这些游玩嬉赏的方式多样，有携家带眷之行、寻幽搜奇之探、饮酒赋诗畅游、官宦结伴而行、祭祀先贤之旅等，或骑马、或游船、或泛舟、或闲情漫步于山水林间。如，王过就是在过桂州时携家眷同游；张釜等人则是寻幽探奇；周敦颐、谭允、曾绪是官宦同游；朱文中、孙□因、赵季择、李静叔则是郡人出游。

针对先贤的缅怀活动，也是古代州府城市近郊游赏活动的一种，这些缅怀先贤的场所也往往建在城市近郊的山水之间，成为城市近郊游赏活动的一个补充。除柳州外，端州、广州、韶州、潮州、惠州、邕州都有类似的场所，常年进行着此类活动。这些祭祀场所分布在州府园林之内，州民前往祭祀就需要解决交通问题，借此开山辟路，筑堤建桥连通，实际也促进了岭南州府园林的建设。

一方面，城市近郊游赏活动的开展，客观上加速了岭南州府园林的建设；另一方面，园林营建又促进了城市近郊的游赏活动，二者相辅相成。

（二）与民同乐的园林实践

"所乐非吾独，人人共此情"，这是韩愈游历岭南清远阳山城北山水时所发出的感慨，折射的是古代儒家"与民同乐"的政治理想。公共园林的建设，首先承载的是政治功能。从某种意义上讲，岭南州府园林的山水营建，实际折射着太平盛世、国泰民安的政治愿景。

兼济天下是古代文人们的终极人生目标，山水园林的营建便成为实现理想的途径之一，"道德美是东方园林意境美的最高境界，或者说东方园林总是由善而美的"[①]。

宋代雷州西湖有遗直轩和苏公楼，供奉着苏轼、苏辙两位的肖像，元代辛钧指出，"一家兄弟两诗仙，同在蛮邦岂偶然，今日开轩见遗像，当时美政亦相联"[②]，雷州人纪

---

① 潘莹，施瑛. 略论传统园林美学中的四种自然观［J］. 南昌大学学报（人文社会科学版），2009，40（6）：133-137.
② （明）彭大翼. 山堂肆考［G］. 北京：国家图书馆藏本.

念二苏，与其在雷州"美政"相关联。

张友仁言惠州西湖，"以湖山之美，取不尽，用不竭；其同乐可以代独占，各适也可以代争取，优游自得可以代若自缠缚"，充分反映了惠州西湖供给官民、与民同乐的特点。

南宋潮州太守林嶙辟西湖，提出了"山与水相接，民与守相忘"的观点。许骞《重辟西湖记》中指出重辟潮州西湖之目的，"洋洋迭山，一以祈君寿，二以同民乐，三以振地灵起文物，一举而欲美具"。以重辟西湖之举为君祝寿，本是儒家宗法伦理的基本，何以要与民同乐，共享湖山胜景？

> 山与水相接，民与守相忘。骞尝游泳于中，即叹曰："湖山之乐，古风流骚，雅士往往以此写幽兴，寄啸咏，于君民之际或略焉。若使身安江湖，心忘魏阙，主意上官，王泽下壅，是湖也，欲乐得乎？榭岑青，里萧条，画宫羽，稚童恍，是湖也，欲乐得乎？"我公止，奉天子教条，独行岭海。又欲以及民者及物，虽天子万年不待祈，又欲鳞介羽毛皆涵圣恩，以期圣寿，与湖山相无穷，则公于是乎乐在君也。[①]

其中逻辑实际上是通过园林营造来展示歌舞升平的太平盛世和公共产品的供给强化政权的合法性。这样的营造行为本质是对州府一地有效治理的具体实践，其背后往往蕴含着对政权合法性的宣示。对于君王来说，没有比坐稳万年江山更值得庆祝的事情了。歌舞升平的太平盛世，难道不是最好的贺礼了么？

薛侃认为，"湖之胜，众人得之，娱其意；幽人得之，知其德，达人得之，惠其政"。胜景众人都可以得之，要义则是在于体现经世致用的德政、惠政、仁政，成为"政府官员对地方治理政治、文化、经济的综合性载体"[②]。

二、多元包容的文化空间

岭南州府园林是依托山水所营造的风景园林空间，之所以能够从纯粹的自然中抽离出来，文化的塑造作用不可忽视。这个山水空间实际上由于主观上人的观念导入，成为以"自然"而求"自然"的文化传播空间，"园林从客观存在的物质生产场所，转向主观存在的文化思想场所"[③]。

---

① （宋）许骞. 重辟西湖记 [G] // （明）解缙. 永乐大典 [G]. 北京：国家图书馆藏本：卷2263，六模.

② 毛华松. 城市文明演变下的宋代公共园林研究 [D]. 重庆：重庆大学，2015.

③ 傅志前. 从山水到园林——谢灵运山水园林美学研究 [D]. 济南：山东大学，2012.

（一）诸家争鸣的文化传播据点

在风景秀丽之地营建儒、释、道三家的建筑，成为多元文化在此争鸣的传播据点，反映了传统文化崇尚自然、寄情山水的文化特征。

除了建筑营造，湖山摩崖间的金石题刻和摩崖造像也是进行文化传播的有效手段。桂林的题刻、造像遍布桂林近郊的山水，如伏波山的千佛岩（图4-3-1）、西山的造像，大多是独立成景。

端州星湖七星岩自古以来就是岭南金石题刻和摩崖造像的胜地，潮州西湖山石刻声名远扬，连州海阳湖、雷州西湖等都留有大量的金石题刻和摩崖造像。这些金石题刻文笔各异，摩崖造像则形态不一，内容、种类繁多，充满着浓郁的文化内涵。

岭南州府园林中的金石题刻和摩崖造像反映了岭南州府园林的历史发展，成为展现岭南文化发展的风景游赏之点。

（二）祭祀与祈祝

"国之大事，惟祀与戎"，在宋代之前，祭祀神祇的活动并非地方可以随意进行。地方上随意兴建的祠庙被认为是需要被清除的对象。宋代之前岭南地区盛行本地祠庙。宋代开始，中央对地方祠庙的祭祀政策产生了变化，开始逐步通过赐匾、册封，甚至直接动用财政修建祠庙等手段，把地方上的祠庙纳入国家祭祀体系。明代陈琏曾记有《桂林淫祠辨疑》一文。

> 予闻桂林属邑有周文王、太伯、孟母、汉高祖、张良、韩信等庙，莫究所以及观。建武志邕州亦有高祖祠，云马伏波征蛮酋长请降愿朝汉天子，于是立高帝祠以祭之。又父老相传云，宋胡颖守潭专毁淫祠，惟前代帝王及忠臣烈士祠不毁，后颖转官广西，乡人闻风皆以淫祠易以帝王、名臣之号，幸免一时，

图4-3-1　桂林伏波山的千佛岩

相传至今，遂不能改。以其所言近理，彼溺于淫祀者，尚当省哉[①]。

从文中可以看出，祭祀祠庙的兴立，是古代空间管治中的一个重点。通过立祠庙以祭祀先贤，本质上是一种"教化育民"的功能，如苏轼是北宋的大文豪，惠州西湖建有丰湖书院，雷州西湖建有文明书院、平湖书院来祭祀他；潮州书院以韩愈为主祀；端州星湖七星岩的星岩书院以包拯为主祀；柳州书院以柳宗元为主祀。之所以通过祭祀来神格化先贤往圣，并非其展现了何种神迹，乃是因为其德行之高尚，需要予以表彰来告诉后人这样的行为是值得学习和旌表的。

宋代张载的横渠四句，"为天地立心，为生民立命，为往圣继绝学，为万世开太平"是此类祭祀行为最为中肯的注脚。雷州西湖的十贤堂是宋咸淳九年（1273年），郡守虞应龙所建，文天祥所记。清康熙六年（1667年），杜臻到雷州巡防，访十贤堂怀古，指出十贤堂所祭祀的圣人贤迹，虽一时之正邪胜负不能区分，但是历史会铭记，"邪正胜负，世道与之为轩轾"[②]。

风景建设往往是这些"先贤往圣"的一个功绩，立祠祭祀往往处于他们所营治的空间之内，这使得岭南州府园林的空间本身就成了"教化育民"的空间载体。

除了官方正统祭祀活动，民间也有祈祷、祝寿、祭神等活动，在岭南州府园林中开展，如惠州西湖就分布着元妙观、开元寺等，潮州西湖有万寿庵、净慧寺等。与西方不同的是，我国民间的宗教活动往往是"世俗的"，求神拜佛带有着强烈的功利性，香火气息其实反映了尘世的世俗生活。

儒、释、道三家理论中普遍具有多元包容的特征，对岭南州府园林的空间塑造产生了影响，使其具有明显的开放性和包容性特征。官方、宗教和民间，都能共同包容在一个风景空间中，已经成为州府一地的文脉标志。

三、园林活动反映世俗生活

古代州府园林适应于城市社会各个阶层的休闲娱乐，不但具有独特的风景功能，还是城市生活的有机组成部分，从而具有丰富的社会功能。苏东坡就赞誉惠州西湖"山川秀邃"，却以"淡妆"取胜，充满民间气息的园林性格。

务实性和世俗性都是岭南文化的特征[③]。岭南州府园林浓郁生产、生活气息的景致，这也是务实、世俗的岭南文化在岭南园林空间的一种投射，从而使得岭南州府园林呈现出一种世俗生活的状态。

① （清）汪森. 粤西通载·粤西丛载·卷58.
② （清）杜臻. 粤闽巡视纪略［G］. 北京：国家图书馆馆藏本：卷1.
③ 陆元鼎. 岭南人文·性格·建筑［M］. 第2版. 北京：中国建筑工业出版社，2015：42.

所谓世俗，是指岭南州府园林的营造始终是追随岭南州府城市生产、生活的需要，这同西方去神权化背景的"世俗化"有相似之处。

因为岭南州府园林营造参与主体既有全民性的参与，也夹杂了儒、释、道诸家的祭祀活动和文人墨客的雅聚，持续性的园林活动为岭南州府园林提供了源源不断的活力，也持续不断地丰富着岭南州府城市居民的世俗生活。

（一）求学

古代读书人常在州府园林中学习经典，如潮州西湖山，黄程、卢侗、章曰慎、唐伯元等当地贤士的大量诗词文章。潮州此地十分注重文化教育，将科举放榜的结果刻于潮州西湖的山石上（图4-3-2），让众人在游览之时，也能感受到浓郁的求学氛围。

（二）墓葬

苏东坡的爱妾王朝云在苏东坡谪惠期间病逝，苏东坡将王朝云葬于惠州西湖，写下了大量的诗句来悼念朝云。苏东坡言："西湖不欲往，墓树号寒鸦"[1]，这为惠州西湖平添了几许凄凉而浪漫的气息。苏东坡为朝云之墓上立了一个亭子，并命名为六如亭（图4-3-3），六如取自《金刚经》六如佛偈"如梦，如幻，如泡，如影，如露，如电"之意。

到了清代，朝云墓已经成为州府居民一个游赏凭吊怀古之点了，"朝云墓，在惠州府北门外三里许，至今郡人春日游赏者，多至其处"[2]。

朝云墓，在丰湖之西山麓间。按长公集，朝云葬栖禅寺松林中，东南直大圣塔。今寺与塔皆亡之，香魂藏一抔土，犹然无恙，岂所谓附骥尾而益彰者

图4-3-2　潮州西湖上的科举放榜题刻

①（宋）苏轼. 丙子重九二首［A］//（宋）苏轼. 苏轼集. 卷24［A］//纪昀，等. 钦定四库全书［G］. 北京：国家图书馆馆藏本.
②（清）吴绮. 岭南风物记［A］//纪昀，等. 钦定四库全书［G］. 北京：国家图书馆馆藏本.

耶！朝云侍长公南迁，涉关山，蒙瘴疠，苦辛共之，千载而下，名与墓俱不朽。长公所以报朝云者，亦厚矣。①

祠后为大圣塔。塔之左，隔涧为六如亭。亭后则朝云墓。墓正对塔。亭半穿漏，两壁题咏皆满。墓之南为苏公堤。士人云，朝云既殂，夜犹侍于公所，其身沾湿，诉越水维艰。公因出金钱筑堤，为梁以接之，而朝云竟绝迹。②

在岭南州府园林里面建有墓园的，除了惠州西湖，还有广州的药洲仙湖、潮州西湖等。

图4-3-3 惠州西湖朝云墓和六如亭

（三）同游

更多体现世俗生活的，还是州府城市居民的游赏玩乐活动，比如雷州西湖就有观赏花燕的传统，"雷州西湖，每夜有紫燕数万巢荷花中，州人呼曰花燕。予为谣曰：燕燕燕，飞入荷花寻不见。荷花落尽燕无依，归去犹衔花一片。明年花发莫东西，还向荷花深处栖。人间不似荷花好，莫使空梁有燕泥"③。雷州西湖上的亭常有人夜醉不归，"余与刘子矍然竦听复命，酒酣饮因，取离骚所谓余情，信芳者以名斯亭，既名而去，犹觉湖光之入梦寐也"④。桂林的曾公岩在宋代是"州人士女与夫四方之人，无日而不来"⑤的好去处。潮州西湖整治之后，"栽花种柳，隐映藁荷，彩舫往来其间，夹岸游人，观者如织。湖以北水光轩辕，亭桥间错，视前已末景象，已不侔矣"⑥。

明叶春及与腾方伯等于初春时节在药洲饮酒作乐，"初春，滕方伯，支学宪，招饮药洲。药洲，南汉离宫，有池，今名白莲池，畔有九曜石"⑦。

① （明）王临亨. 粤剑编［G］. 北京：国家图书馆馆藏本：卷1.

② （清）檀萃；鲁迅，杨伟群，点校. 历代岭南笔记八种［M］. 广州：广东人民出版社，2011：217.

③ （清）屈大均. 广东新语［G］. 北京：国家图书馆馆藏本：卷20，禽语.

④ （明）张岳. 信芳亭记［A］//（明）黄宗羲. 明文海［A］//纪昀，等. 钦定四库全书［G］. 北京：国家图书馆馆藏本. 第332卷.

⑤ （宋）刘谊. 曾公岩记［A］//（清）汪森，辑；黄盛陆，石恒昌，等，整理. 粤西文载［M］. 南宁：广西人民出版社，1990.

⑥ （明）解缙. 永乐大典［G］. 北京：国家图书馆馆藏本：卷2263，六模，湖，西湖，潮州图经.

⑦ （明）叶春及. 五言律（并序）［A］//（明）叶春及. 石洞集. 卷17［A］//纪昀，等，编纂. 钦定四库全书［G］. 北京：国家图书馆馆藏本.

清代屈大均在《广东新语》中记载了惠州西湖一个感人的爱国故事。明代邝露，有一琴叫作"南风"，是南宋理宗的遗物，又另有一琴叫作绿绮台，明武宗之物，为唐代武德年间所制。邝露在惠州西湖上弹琴，写有《西澜修琴社》和《琴酌送羽人》两首歌。清兵攻破惠州城后，邝露以身殉国。邝露死后，绿绮台琴流落街市，惠阳叶锦衣用百金将其买回。叶锦衣与屈大均偕琴泛舟惠州丰湖，屈大均抚摸琴台泪流满面，"城陷中书义不辱，抱琴西向苍梧哭。嵇康既绝太平引，伯喈亦断清溪曲"[①]。

清乾隆三十七年（1772年）秋，檀萃自潮州回惠州，与黄源清、韩佩兰、黄潍略等人，一同前往惠州西湖的古榕下的珍珠泉游玩，偶得一鱼，竟然直接煮了吃，席地而饮，"瀹茗于古榕之下。获鲜鳞一尾，取瓦鼎烹之，五味不调，清香自发。衔杯席地，酩酊而归，则晷已移昧矣"[②]。

（四）论道

随着城市的建设，部分州府园林被划入城市之内，在城市内部继续对城市的民间生活发挥作用，清代翁方纲在《石洲诗话》中记载了他在1777年左右与人在药洲的亭中与人论诗的趣事，"四十年前，愚在粤东药洲亭上与诸门人论诗"。[③]

明代高僧憨山大师曾流贬雷州，住在雷州西湖的天宁禅寺之中，见雷州西湖中的坡公亭中，士子们在谈论这苏东坡的往事，"余至，主于城西古寺。坡公亭中，士子争谈坡公"[④]。

（五）香火

州府园林儒、释、道相互依托的多元文化环境，吸引了州府城市内善男信女的香火气息，诸如包含求子祝寿、祈福发财等形式多样的民间活动都融于其中。在岭南州府园林的山水中，到处都有这样简易构筑的香火祈福，其形式不拘一格，神灵崇拜构成多样，这样的形式充满着鲜明的世俗特征（图4-3-4）。

这些看似平淡的世俗生活的琐事，都发生在岭南州府园林的空间之中，从一个侧面，深刻地反映出岭南州府园林的世俗特征。

① （清）屈大均. 广东新语［G］. 北京：国家图书馆馆藏本：卷13，艺语.

② （清）檀萃；鲁迅，杨伟群，点校. 历代岭南笔记八种［M］. 广州：广东人民出版社，2011：217.

③ （清）翁方纲，石洲诗话［M］. 台北：台湾广文出版社，1971：卷7.

④ （明）释德清. 憨山老人梦游集［M］. 北京：北京图书馆出版社，2005：集17.

图4-3-4　端州星湖七星岩上的神仙像和香火

第四节

张维营湖：一个特例的解读

"如云不厌苍梧远，似雁逢春又北归"，这是唐李渤离开桂林时写下《留别隐山》诗中的一句。唐宝历元年（公元825年）李渤在桂林任上开始营治隐山，此事被唐吴武陵《新开隐山记》、唐韦宗卿《隐山六峒记》，两记所载。"隐山六峒"所指便是隐山中北牖、朝阳、白雀、嘉莲、南华、夕阳六洞。隐山旁即为桂林西湖，现桂林西山公园内，还留有桂林西湖水面的约有70亩。据明《永乐大典》引《桂林郡治》，桂林西湖在宋代时，"在桂城西三里。西山之下，环寝隐山六洞，阔七百余亩"[①]。以上均说明宋代西湖的水面宽阔，能够环绕着隐山流动。

桂林西湖在唐代时是隐山东北侧蒙溪发育而成的小潭池，至北宋时，基本湮灭化湖为田。南宋乾道二年（1166年），张维[②]权知静江府，任内依唐吴武陵和韦宗卿记载寻找西湖遗迹，发现此时西湖已经不见踪迹，于乾道四年（1168年）筑斗门蓄水而恢复西湖旧观。营治工作在乾道五年（1169年）结束，此事的始末被张维的副手通判鲍同[③]记载下来，"桂林西湖，今经略使徽猷张公所复也。旧曰蒙溪。去城里许而近，胜概为一郡甲"[④]。

鲍同《西湖记》被收录在明《永乐大典》卷之二千二百六十三中六模·湖·西湖·桂林西湖词条中。《永乐大典》西湖条目还收录了包括杭州西湖、惠州西湖、颍州西湖等

---

① （明）解缙，编撰；周博琪，主编. 永乐大典［M］. 北京：中国戏剧出版社，2008：510.

② 张维（1113～1181年），字振纲，一字仲钦，剑浦（今福建南平）人。绍兴八年（1138年）进士，调贺州司理参军。乾道元年（1165年），擢广南西路提点刑狱，二年（1166年），知静江府。

③ 鲍同，浙江遂昌人，绍兴八年（1138年）进士。绍兴十三年（1143年），为临安府学教授。宋孝宗乾道五年（1169年），通判静江府。

④ （明）解缙，编撰；周博琪，主编. 永乐大典［M］. 北京：中国戏剧出版社，2008：510.

多个西湖。故有"天下西湖三十六，桂郡西湖在其中"的说法。这些西湖的建设多为水利建设结合风景建设，最后转化为今天的风景区或者公园。与历史上记载其他西湖营治结合农业生产灌溉的水利功能所不同的是，张维此次营治桂林西湖是一次纯粹的风景建设，呈现了更强的公共风景营治特征。更进一步，从鲍同《西湖记》内容中的隐晦暗示，这种公共风景建设的背后很可能折射了南宋乾道时期南宋国和"大越国"两国关系的转化与互动。

一、风景建设的审批与程序

唐代吴武陵的《新开隐山记》和韦宗卿的《隐山六峒记》中记载李渤营治隐山之时，隐山中间有潭池溪流。从韦宗卿的记叙来看，宝历年间的桂林西湖水面较大，"池因山麓，不资人力，高深向背，缭绕萦回。五六里间，方舟荡漾"①。张维于是根据历史记载，寻觅故迹，发现隐山周边此时已变为田亩，无湖迹可寻。根据吴记和韦记的相关信息，只能找到一潭二池，"靡容辨识，尚可考者，特一潭二池"。这一潭二池中种有荷花，宽度"皆不逾寻丈"，剩余的部分"尽耕稼之畦垄矣"。

现时隐山中石刻并无二记，但是根据鲍同的记载，张维是在游山之中看到吴记和韦记，再去寻找故迹，这也说明了南宋时的隐山中，可能留有二记的石刻，"初公游山中得二记，按之以求，莽不知所取"。

张维经过一番调查，得知此时隐山周边的溪潭已经转化为"公田"，公田的收益"为帅与曹两司之人"。宋代田亩分为官田和私田，"公田"即是官田，可知隐山周边已经从潭池溪流转化为田亩的土地是属于官府的。帅司所指是提点刑狱司，曹司所指是转运使司。宋朝在沿边地区和战乱时期，"提刑司因治安职能而逐渐扩展到对军事活动的参与，军事职能亦非常显著"②。

张维认为，吴武陵所记中的桂林西湖风景宽广，"走方舟汛画益鸟，渺然有江海趣"，颇为迷人，而此时田亩用来耕作收租取利，"可谓刹风景者矣"。于是张维萌生恢复西湖往日风光的念想，与宪台滕子昭，漕台姚孝资一同讨论，姚孝资欣然同意，"愿捐圭赋就斯胜"。"圭赋"所指便是这些公田的田赋。"圭"字原意为天子玉器，结合提刑司、转运司这两个官衙的职级，判断这些田赋的归属应该属于中央，即南宋朝廷。从宋代财政制度来看，将中央财政留在地方作为"系省"，支持地方工作，是一个常态，这也是由于大量税赋是物质，转运也不便。由提刑司（边防部门）和转运司（物资转运部门）管辖，有理由认为这些田赋属于战备。

根据鲍同记载，是同时询问"帅司"和"曹司"，但是"曹司"同意捐"圭赋"而

---

① （唐）韦宗卿. 隐山六洞记［A］//周绍良，主编. 全唐文［M］. 长春：吉林文史出版社，2000：7896.

② 王晓龙，吕文静. 论宋代提点刑狱司的治安及军事职能［J］. 宋史研究论丛，2007（00）：8-20.

并没有"帅司"的意见，合乎情理的解释是，是"曹司"将这些"圭赋"转运"帅司"。引申来看，如果没有中央的授意，这些作为前线的地方官员不会自作主张把"圭赋"捐出来，特别是主持边防部门没有提出反对意见，而且姚孝资在此后还获得了升职。

广南西路在宋代一直处于边境战略要冲，北宋时有侬智高之乱和熙宁战争两场大乱，南宋时关系缓和。从时间线来看，绍兴二十六年（1156年）"大越国"遣贡使由钦州入境往临安[①]，整个南宋，"大越国"前往临安进奉的记载仅见两例，另一例在乾道九年（1173年）。预示着，南宋和大越之间将迎来一段时期的和平。宋代从越南方向入广南西路往临安，必然要经桂林转湘水，再入长江沿线。

张维称赞，使"此邦耆老"通过此次风景建设向"来者"夸赞，这是一段流传千年的美事。这个"来者"一般理解为后来之人，但在古文言中，也可以理解为"使者"。需要注意的是，此时节点十分特殊，张维营治桂林西湖四年后，即乾道九年"大越国"李天柞就遣贡使经由桂郡北上临安。从鲍同下文将张维比为羊祜的举例来看，这个"来者"所指有一语双关的意思。

张维发现了桂林西湖的风景旧迹，在取得田地的开发权之后，便着手进行风景建设。虽然不能明确这中间土地管理权的移交形式，但是从这个表述来看，张维是在取得管理部门同意之后才对这些"公田"进行建设。

二、主要建设内容及其暗指

由于这些田亩所处山麓之间"众泉所会"处，中间低，四面高，不需人力，只要使泉水不外流，"则湖可坐而复"。于是把泉水"相所从泄"，再"作斗门以闸之"，没多久湖水就"盈衍，若潭若池，澶漫，为横径将数十顷焉"[②]。

鲍同将这个景色描写到，"望之苍苍茫茫，渊澄皎澈，千峰影落，霁色秋清，如玉鉴之新磨，如浮图之倒插，境物辉焕转眄一新"。此时桂林西湖的湖面已经基本完工，由于桂林周边山峰是喀斯特峰林地貌，所以在湖水倒映下，千峰入水成趣。鲍同比对《吴记》和《韦记》所载隐山北牖洞的北侧有平地可以建设亭榭之事，得出此次张维复西湖之后水深于唐李渤之时，"以知昔时犹有浅陆，水所不及之处，而今洪深为过之矣"。

从这个信息可以得知，宋代西湖标高在北牖洞口，与今桂林西湖的湖水标高大致齐平。因此，尽管今天桂林西湖已经大部分被覆盖，但是只要把桂林西湖和隐山周边标高低于现有湖面的用地相连，就可以大致得出南宋时期桂林西湖的水面范围。

西湖中间有"流平沙隆出波面如岛屿"，便在上建瀛州亭。沿湖种植花竹，在南侧

---

① 邓昌友. 宋朝与越南关系研究［D］. 广州：暨南大学，2005.

② （明）解缙，编撰；周博琪，主编. 永乐大典［M］. 北京：中国戏剧出版社，2008：510.

招提寺附近，面对隐山建设怀归亭，取义"每游览则忆家山"。北侧临近茂林之地，对着流水建造相清阁。相清之名取杜甫，"湖水林风之句"。

此句语出大历三年（公元768年）杜甫与李之芳饮酒时所作的《书堂饮既夜复邀李尚书下马月下赋绝句》，"湖水林风相与清，残尊下马复同倾。久拚野鹤如霜鬓，遮莫邻鸡下五更"。李之芳人生中有一次特别经历，曾在广德元年出使吐蕃，促得唐与吐蕃和谈[1]。在古文中，这种出典往往意味着一种隐射之意。张维是否出使正史没有记载，担任广南西路提刑时曾赴南疆"行边"，张孝祥《念奴娇·仲钦提刑仲冬行边，漫呈小词，以备鼓吹之阙》为之引证。

> 弓刀陌上，净蛮烟瘴雨，朔云边雪。幕府横驱三万里，一把平安遥接。方丈三韩，西山八诏，慕义羞椎结。梯航入贡，路经头痛身热。
>
> 今代文武通人，青霄不上，却把南州节。骁马秋肥雕力健，应看名王宵猎。壮士长歌，故人一笑，趁得梅花月。王春奏计，便须平步清切[2]。

所谓"三韩"，指的是古代朝鲜半岛南部的三个部族，它们是马韩、辰韩、弁韩，合称"三韩"。而"八诏"指的是，唐初分布在今云南洱海周围八个少数民族的总称。这首词上阙所讲"三韩""八诏"来"梯航入贡"只能是一种对过去的回顾，并期望这些往事可以"慕义羞椎结"。此时"三韩"所在的朝鲜已经向金国朝贡，为"兄弟之国"，非南宋所能节制。下阙所讲往往才是真实之事，"名王宵猎"指少数民族的王狩猎。此事功成，便可以"平布清切"，上达朝廷。关于此事，可引证张孝祥《棠阴阁记》[3]和朱熹编撰的《左司张公墓志铭》[4]。

张维长期负责广南西路边防军事。宋隆兴初年，"帅臣张维"，就上奏朝廷赐抗击皇佑侬智高之乱的名将陈曙，"庙额曰忠愍"[5]。乾道二年四月十九日张维卸任提刑接替张孝祥，"诏权发遣广南西路提点刑狱公事张维除直秘阁、知静江府"[6]，乾道四年六月十三日，又被"除直徽猷阁"[7]。秘阁、徽猷阁虽然是贴职，但在名义上是皇上顾问，而且秘阁还有密档管理的功能，管理皇帝御书[8]，正是"平步清切"之意。从这个前后关

① 潘玥. 从李之芳生平看其与杜甫的交往 [J]. 中华文化论坛，2017（8）：120-125.
② （宋）张孝祥，著；宛新彬，贾志民，选注. 张孝祥诗词选 [M] //合肥：黄山书社，1986：139.
③ （宋）张孝祥. 棠阴阁记 [A] //曾枣庄，刘琳. 全宋文 第254册 [M]. 上海：上海辞书出版社；合肥：安徽教育出版社，2006：109.
④ （宋）朱熹，撰；朱杰人，严佐之，刘永翔主编. 朱子全书 [M]. 上海：上海古籍出版社；合肥：安徽教育出版社，2010：4292.
⑤ （清）汪森，辑；黄振中，吴中任，梁超然，校注. 粤西丛载 [M]. 南宁：广西民族出版社，2007：210.
⑥ （清）徐松. 宋会要辑稿（影印本）[M]. 北京：中华书局，1957：4684.
⑦ （清）徐松. 宋会要辑稿（影印本）[M]. 北京：中华书局，1957：4685.
⑧ 李敏. 宋代秘阁档案管理考 [J]. 浙江档案，2003（3）：29-31.

系来看，张维"行边"完成了某种使命。

相清阁的功能为船坞，可以"放船集宾于此乎"，从相清阁出发，舟船桂林山水之间游览。对隐山周边山脚处，"引水疏渠，缭绕萦回"，渠水曲折深远，在其中发现了南北两个新洞。命之曰：南潜、北潜。南潜洞在渠蹊的中间，"乍隐乍显"，在蹊的北边面向直西南方向建望昆亭。

综上所述，张维对桂林西湖的风景营治主要是恢复湖面，疏导溪流，种植花竹，建设亭阁四个方面。张维营治西湖成功，宴请宾客，其中刘颖和滕乔相继为其赋诗。

刘颖写有《桂林西湖再开呈张经略（维）》：

> 持节南来耸百城，就分帅阃握边兵。尽令殊俗窥风采，更许佳山托姓名。
> 岘首要须刊伟迹，习池底事著狂生。风流人物今宗主，物物俱蒙不朽荣。

滕乔写有《和刘颖呈张经略韵》：

> 隐然重望压边城，号令风行玉帐兵。诗思江山真得助，威声草木尽知名。
> 要令万顷窥黄宪，不把千畦付曲生。坐使胜游还旧观，追随那得胜公荣。

从刘颖和滕乔所写的诗句来看，皆指向的是戍边卫国的军国大事，为什么修造一个西湖，会和这样的事件联合在一起呢？从此次宴请上鲍同所记《复西湖记》中的暗示，我们可窥知内情一二。

三、风景游乐的外交功能推断

在唐李渤所营治的北牖、朝阳、白雀、嘉莲、南华、夕阳"六峒之外"，张维此次营治发展了前人的风景事业，增加了往日文献中未曾记载的景点。使得初次游赏的游客，"如立尘寰之表"，经常游览的人，"如刮肤翳之目"。即使是江南风光，也不能超过桂林，"江浙所称，亦未能远过焉"。

张维自记的《开潜洞记》也可以相互佐证，"乾道四年，春正月浚西湖，秋七月开潜洞。明年，春二月疏凿李蹊二百六十步有奇，可通画鹢，而洞山宛在水中矣。疏凿之力，汲郡袁进，平原聂伦，东明石良弼，竞率所部不日成之。延平张维识于洞滨之石，同里曹总书"[1]。可以得知，疏凿"李蹊"用的是官军。这也和《西湖记》中"不动一民"呼应。"李蹊"所指便是李渤时的蹊流，可以行船，说明这个溪流的空间尺度不小。

---

[1] （宋）张维. 开潜洞记［A］//（清）汪森，编辑；黄盛陆，等，校点. 粤西文载校点2［M］. 南宁：广西人民出版社，1990：88.

张维的西湖营治功成后，桂郡之人便前去游赏，乾道五年七月十五的中元节，就有王寿卿、姚同卿、张子贞、张子斐、黄德制、田子謇、王仪之、滕子正等人在潜洞中游赏，留有题名[①]。这是潜洞最早的题名，此几位六月十七日还在伏波岩喝酒，亦可知潜洞告成大致在七月。

根据鲍记，"一日"，张维在一艘"饰彩舰"上宴请宾客，酒过半巡，有宾客站起来称赞，"公不动一民，不亡铢金，不终日而中兴此景，以与来者、居者、仕者同其安"。

从《西湖记》载"一日"所表达的文意来看，桂林西湖营治功成后张维应是经常在此间载客宴游。此次营治桂林西湖并没有役使民众，没有使用财政资金，很快就完成了，从《开潜洞记》的记载来看，是因为动用了军队。"来者""居者""仕者"，实际表达了桂林西湖是一个可供众人共同游赏的公共开放的风景空间。在这里，"仕者"是官员，"居者"是住在这里的居民，但是"来者"的实际意思则很难判断。此处"来者"显然不是"将来之人"，表达的是远道而来之人，依然可以表达使者的意思。

宾客继续称颂，认为这些风景若不在张维的主持下无法功成，希望可以将这些事迹记叙下来，"蒙成绩参胜践，又莫记之得无愧乎！敢请。"张维认为，大家的意见不可以轻慢，于是请鲍同为之记叙，"众志不可虚也，宜属别驾毋辞"。

鲍同于是离席向张维陈述到：您受朝廷寄托为此地长官，节制安定南方边境，治下秩序良好，解决了朝廷的顾虑和担忧。作为主官宴请众人在此间观赏湖山美景，宾客笑谈畅饮赋诗。长官您肩负重任而能有闲暇雅致，历史上只有魏晋时期的羊祜可以与您相比。

羊祜受命镇守襄阳，治下稳定而边人"怀附"，常"唯轻裘缓带"，而"日游憩岘山"。但实际上，晋朝平定东吴的功劳，实际都是羊祜的方略。鲍同进而指出张维的西湖实际和羊祜的岘山一样，"人岂知夫岘首之为羊公幕府耶？今之西湖，又庸知不为羊公之岘山也？"。通过鲍同记载的《西湖记》，后人可知张维营治桂林西湖的情况，亦为其传颂营湖的功绩。

《西湖记》中鲍同用羊祜之典有着极深的政治用意，需要站在当时形势来判断。南宋乾道五年的年号对应"大越国"年号则为政隆宝应七年。南宋时，作为边境地区的广南西路与"大越国"的战事已经接近平息，广南西路此时一改北宋皇祐和熙宁时的紧张状态，正在转向和平共存。张维营治桂林西湖五年后，即宋孝宗淳熙元年（1174年），册封李天祚为安南国王，淳熙三年（1176年）安南国开始作为南宋藩属国，沿用宋朝历号[②]。

羊祜在襄阳任上时，并没有实现平定东吴，然而不断怀柔东吴一方获取政治上的稳

① （清）汪森，辑；黄振中，吴中任，梁超然，校注. 粤西丛载［M］. 南宁：广西民族出版社，2007：46.
② 邓昌友. 宋朝与越南关系研究［D］. 广州：暨南大学，2005.

定，为西晋后来平定东吴奠定了基础①。鲍同《西湖记》中言，张维的策略正是"绥靖蛮貊"。平定东吴的基础是羊祜建立的，从这些细节来看，鲍同这个比喻实际是在将平定东吴和大越归附二者之间联系起来。

张维营治桂林西湖之后，"淳熙年间，经略张栻以为放生池"，放生池是为君王祝寿的制度，实际是皇权的一种延伸。而后嘉泰元年（1201年）王正功称颂"桂林山水甲天下，玉碧罗青意可参"，此句名闻天下，不过下三句才是作者想要表达的真实军政情势。"士气未饶军气振，文场端似战场酣。九关虎豹看劲敌，万里鹍鹏竚剧谈。老眼摩挲顿增爽，诸君端是斗之南。"

再至嘉定年间，方信儒继续营治，辟朝宗渠注水于此间，风景大增"桂府稍西五里，吞蒙溪，吐阳江，是为西湖、鱼峰、隐山相拱揖，大凡游观之胜"②。刘克庄留有《泛西湖》诗，直指桂林西湖可以与杭州西湖和颍州西湖相比，"桂湖亦在西，岂减颍与杭"。

可见，张维对桂林西湖的营治奠定了桂林郡往后数十年繁荣发展的基础，这背后蕴含着十分深刻和隐晦的政治含义。再回看《西湖记》开头，张维所谈的"千年风流"，必然是寄望此地长治久安，与《西湖记》结尾所表述的羊祜之典结合来看，所指之意就只有马上要进行的安南入使归附之事了。

四、风景政治功能的解读

张维营治桂林西湖的创湖之法是"建闸淹田成湖"，所淹之田还是军需粮草之田（屯田）。同意此事的曹台姚孝资在广南东路时任东莞县令，就曾于任内是兴修水利，筑堤户田③。宋代十分重视水利圩田的建设，这种反过来淹田成湖的事情，竟然得到了曹台姚孝资的认可。这在古代城湖营治中是一件极其特别、十分罕见的事情。

从《开潜洞记》的表述来看，张维在营治桂林西湖的过程中还动用了官军，这也是很少见的。这些都不是一个正常的情况。根据《宋刑统·擅兴律》的要求，营建工程和动用军队都要上报④，从这个角度来看，张维营治桂林之事不可能不报，必然是得到朝廷认可后才能展开。废田营湖，事出反常，则必有内情。

鲍同在《西湖记》中深有所指，羊祜在襄阳时常率众于岘山中游赏，实际是与幕僚们在岘山风景中谈论平定东吴的策略，并将羊祜游山类比张维营治西湖，参与的诸位所谋划的怎么会比不过羊祜的砚山呢？岘山之后羊祜收复东吴，西湖之后"大越国"归附

① 王素香. 羊祜与灭吴大业［J］. 锦州师范学院学报（哲学社会科学版），1998（3）：89-91.
② （宋）张维. 开潜洞记［A］//（清）汪森，编辑；黄盛陆，等，校点. 粤西文载校点2［M］. 南宁：广西人民出版社，1990：303.
③ 郑玲玲. 从史志档案看东莞古代水利建设［J］. 城建档案，2002（5）：47-48.
④ （宋）窦仪，等，撰；吴翊如，点校. 宋刑统［M］. 北京：中华书局，1984：262.

南宋。换言之，鲍同所述，实际是把桂林西湖营治和大越归附南宋联系起来。除羊祜典外，从《西湖记》文中的其他用典也能感受到这些隐晦的痕迹，如"来者"夸赞，望北之亭被命名为"怀归"，对应下文羊祜典故中的边人"怀附"。朝西南大越方向的亭称之为"望昆"，昆之意既有蛮山的意思，还有小昆虫的意思。沙洲上亭称之为"瀛洲"，瀛洲有海上之意。相清阁的出典，实际是李之芳促唐与吐蕃谈和。

南宋绍兴二十五年（1155年）时，此时宋史记为安南使者赴临安朝贡，"诏馆安南使者于怀远驿"，南宋绍兴二十六年，"命右司郎中汪应辰宴安南使者于玉津园"①。虽然宋史记载为安南使者，但此时李天祚还接受南宋册封为安南国王，大越自立的年号为大定（1140～1162年）。所以在乾道九年（1173年）之前，这中间必须有人在双方进行洽谈，沟通双方的实际意愿，并着手进行具体安排。

乾道九年李天祚遣使准备接受南宋皇朝册封，正式成为藩属安南国。这些变化被时任广西经略使范成大所察觉，范成大认为"进奉使、副等到本司，除公参大排茶酒外，其余礼数颇繁，本司并行折算②"。即除在静江府进行公事拜访、宴请、茶酒之外，其他州军的礼数均减免折银。

南宋皇朝册封"大越国"为安南国，以升龙府为都。大越开国后，李公蕴便迁都到升龙府。升龙府原为安南都护府的大罗城，"况高王故都大罗城，宅天地，区域之中，得龙盘虎踞之势，正南北东西之位"③。升龙府旁边恰好也有个湖叫金牛湖，即今越南河内西湖。1060年，越南李朝曾在此建造行宫④。有趣的是，杭州西湖亦曾被称为金牛湖。淳熙元年安南使臣到临安，元月二十四日，"往天竺烧香，可令临安府于下天竺寺排办素食，冷泉亭供应茶酒"，"二十六日，赐宴玉津园"⑤。天竺寺在临安西湖边，安南使臣此时所见到的临安西湖，怕是要比"大越国"升龙府之湖要大得多。

"大越国"两次入临安朝贡应该是有在西湖中游玩，正史无书，但可参照金使入宋，"宁宗圣节，金国奉使贺生辰毕，观江潮，玉津园射"，游赏临安西湖，望远山"层层叠叠，观宇楼台，参差如花落仙宫"⑥。除此之外，有记载用西湖风景以待使臣，还有广州西湖（即仙湖、药洲）。绍兴六年（1136年），广州西湖边上将奉真观改为接待各国贡使的来远驿⑦。在临安，安南使臣所居住的"馆于怀远驿"⑧，也在临安西湖附近。

从这些大的历史背景所展现的细节来看，本书大致判断，张维营治的桂林西湖是主

① （元）脱脱，等. 宋史［M］. 北京：中华书局，1977：14070.

② （清）徐松. 宋会要辑稿（影印本）［M］. 北京：中华书局，1957：7876.

③ （越）吴士连，编纂；黎僖，增补；（日）引田利章，校注. 大越史记全书［G］.（美）波士顿：哈佛大学汉和图书馆馆藏（日）埴山堂本. 1884：卷2.

④ DANG HONG SON（邓鸿山）. 越南北部11～14世纪的砖瓦与屋顶装饰材料［D］. 长春：吉林大学，2013.

⑤ （清）徐松. 宋会要辑稿（影印本）［M］. 北京：中华书局，1957：7738.

⑥ 孟元老. 西湖老人繁胜录［M］. 北京：中国商业出版社，1982.

⑦ 王文宾. 宋代外事馆驿考［D］. 西安：陕西师范大学，2012.

⑧ （清）徐松. 宋会要辑稿（影印本）［M］. 北京：中华书局，1957：7737.

要服务于乾道九年李天祚称贡这一历史事件的，原因如下：

1. 张维营湖的方式和其他城湖营治往往结合水利建设方式有所区别，这是一次完全意义上的风景营治。根据宋代法律的要求，这个营治的行为是需要上报的。如果营湖的主因不是为了农业生产，那么在前任张孝祥因"专事游宴"被御史弹劾的情况下①，作为张孝祥好友的张维还继续进行营湖，当另有隐情。更微妙的是，朝廷选择的继任者还是张孝祥的推崇者，这中间的政治博弈关系仍可以探微。

2. 张维的宦旅生涯在广南西路职守边防要务多年，从张孝祥的《念奴娇》一词来看，张维有过执行对外交往的任务。张孝祥《棠阴阁记》和朱熹编撰的《左司张公墓志铭》可引证。

3. 张维建闸淹田成湖和动用军队，令袁进、聂伦、石良弼等"竞率所部"营湖的举动，实际说明了营湖此事得到了军方认可，指向了边境地区正准备迎接和平。将战备军田转化为风景，对即将到来安南使臣是一种示好。两国之间不交兵，就自然不需要这些战备物资了。

4. 从《西湖记》所载的隐晦暗示，特别是羊祜的出典，可以说明张维此时营治的桂郡西湖有着特殊的功能。试想安南使臣来桂郡之际，南宋一方带领使臣们游览桂林西湖，登上张维之怀归亭，望北思怀归附，言此湖为军田所转化，即可一展皇朝浩荡。从文中记叙前后顺序和风景描述来看，瀛洲、怀归、望昆三亭的空间关系，应该是从低到高，瀛洲处于水中低位，北望高高在上的朝廷而"怀归"，面西南一览群山小而"望昆"，瀛洲所指已经有所暗示。

5. 广南西路经略使节制安南国，作为藩属国的都城升龙府亦有"西湖"，安南国贡使在桂郡看到桂城之外风景，已经略胜一筹，及至临安再游西湖，即可领略天朝上国的风采。这样的结合风景游乐的外交策略在各国外交史上并不鲜见，风景园林有着一定的外交功能②。

从这个角度切入理解，也能解释，张维乾道五年营治桂郡西湖之后，乾道六年（1170年），继任李浩则继续疏浚桂林灵渠。李天祚遣使是从静江府往临安，必然过灵渠。乾道九年安南朝贡的物资十分之多，还有大象，这些肯定是准备了很久的物品，这是与绍兴年间不同的，"绍兴二十六年入贡方物，系是轻细"③。从乾道年间几任广南东路经略使的这些细节来看，此时对外任务，应该是集中在对"大越国"的关系处理上。动用军队淹田成湖，营治风景，正是给"大越国"的"来者"们看的，表达的是两国交好的决心。

对外关系的处理，是国家之间最为敏感的政治问题。营治桂郡西湖便是梳理南宋、

① 陈春霞. 张孝祥思想及创作研究［D］. 西安：陕西师范大学，2003.
② 何沁遥，马珂，高凯. 探寻风景园林的外交功能［J］. 园林，2018（11）：44-47.
③ （清）徐松. 宋会要辑稿（影印本）［M］. 北京：中华书局，1957：7866.

大越两国关系的策略之一，此次淹田成湖的做法，具有极强的政治目的，一如鲍同在《西湖记》中所言述的，"今之西湖，又庸知不为羊公之岘山也？众客皆曰：'然'"。

虽然岭南州府园林体现了某种公共性质，我们也可以称之为一类古代的"公共园林"或者"古典公共园林"，但也需要区分的是，岭南州府园林并非现代视角的公共园林，它的形成缺乏明显的现代特征，其形成、发展、建设、管理均不是一个基于现代性框架下的"公共园林"概念。现代社会强调公共与私人的对应边界，对于岭南州府园林而言，其相对模糊的功能定位、产权边界和管理制度都不具备现代视角下的公共园林特征。从古代的实际出发，可以将其归类为一种具有公共性特征的"公家园林"。

第五章

风景营造的主要内容

风景特色

　　岭南州府园林地处山水之间，空间结构和层次显示出旷奥交替的基本特色。依托这个空间结构，岭南州府园林的建设通过组织汀（岸），岛（洲、山），桥（堤、坝），亭（台楼阁）等元素，从而共同组成了层次丰富、湖山相映、旷奥交替的风景格局。

一、旷奥交替的风景嵌套

　　魏晋时期的谢灵运在《山居赋》中就把山水风景的空间特点与人的认识相互联系，"一是，山水环向之美……二是，山水深远之美……山水景观由近而远地展开，山水具有多层次、深远之美……三是，山水交融之美"①。环向形成围蔽，深远带来层次，交融产生变化，这是对山水风景空间最早的理论认识。

　　唐永和时，柳宗元谪贬永州，他在永州游览山水，在《永州龙兴寺东丘记》中写到，"游之适，大率有二，旷如也，奥如也，如斯而已。其地之凌阻峭，出幽郁，寥廓悠长，则于旷宜；抵近埝，伏灌莽，迴邃回合，则于奥宜"②。

　　柳宗元认为风景空间虽然变幻万千，但是总体来看无非是"旷如"和"奥如"两类空间。旷如和奥如的认识，是对风景园林空间十分深刻的理论总结。从空间的客体来看，旷是水平向的维度，奥是纵深向的维度；从观察的主体来看，旷是人的视界，奥是人的视线。同高低、虚实等空间概念一样，旷奥的空间特征必须是通过对比的方式来呈现的，同时，由于观赏者的运动，旷奥空间又会出现转换，这样的空间关系既对立又统一。

　　旷奥交替就是景域在静态的空间结构上具有相互嵌套的节奏变化，在动态的游览上对观者的视界和视线不断进行交替的压缩和还原，这个过程，往往会产生意外的奇趣，可以引起观赏者心理上的变化。"陆游诗中'山重水复疑无路，柳暗花明又一村'，王半山'青山缭绕疑无路，忽见千帆隐映来'，足以说明这种审美爱好和艺术趣味有着普遍性"③。

---

① 傅志前. 从山水到园林——谢灵运山水园林美学研究［D］. 济南：山东大学，2012.

② （唐）柳宗元，撰；尹占华，韩文奇，校注. 柳宗元集校注［M］. 北京：中华书局，2013：卷28，1852.

③ 许晓娣. 中国古典自然山水园与山水诗之关联浅析［D］. 武汉：华中农业大学，2008.

（一）旷奥空间的静态对比

清代吴骞在所编的《西湖纪胜》中评价到，"杭之佳以玲珑，而惠则旷邈；杭之佳以韶丽，而惠则幽森；杭之佳以人事点缀，如华饰靓妆，而惠则天然风韵，如蛾眉淡扫"，指出了惠州西湖旷奥交替的空间特点（图5-1-1）。

惠州西湖山势西南高、东北低，西北、西南两侧山围合湖水，形成环抱之势。山顺势切割水面，湖山交错，水平向的旷奥，纵深向的幽深，形成空间的平远和深远之感，山势逐级上升，引导惠州西湖的视线逐步抬高，形成高远之观感。刘克庄在《丰湖三首（其二）》中写到，"不知若个丹青手，能写微澜玉塔图"，讲的就是惠州西湖的空间格局尺度大，横向的微澜（湖面）和竖向的玉塔，即孤山上泗州塔（图5-1-2），共同构成的景观构图，不知道有没有画家能画出来。

平湖的面积较大，与较为居中的西山交相辉映，占据了核心的主体地位。万寿山、游龙山和菱湖是次一级的区域。鳄湖是典型的"溪化成湖"，丰山和紫薇山构成了鳄湖区域幽深的空间。惠州西湖的风景，胜在曲折幽深的空间，戴醇士为钱塘山水画的扛鼎人物，也认为"西湖各有妙，此以曲折胜。"[1]

> 丰湖，在郡城之西，今人呼为西湖。延袤数里，东以城为储胥，而西、南、北三方皆重峦为卫，俨然武林苗裔也。顾此中有司日鹿鹿案牍间，家其地者，胜情亦鲜，令十里湖山，闇然无色。昔苏长公买丰湖为放生池，出御赐金钱筑堤障水，人亦号曰苏堤。今问之惠人，亦竟不知何所矣。疑欣乐驿一带，其故址也。[2]

图5-1-1　清代惠州西湖全景
（来源：《惠州西湖志》）

① （民国）张友仁，编著；麦涛，点校；高国抗，修订. 惠州西湖志［M］. 广州：广东高等教育出版社，1989，1.
② （明）王临亨. 粤剑编［G］. 北京：国家图书馆馆藏本：卷1.

惠州西湖的鳄湖，原为苏东坡放生池，位于惠州西湖西南角，是一个纵深感极强的小区域，和主体湖区形成了交替对比。

端州星湖以北岭屏列的山体作为大背景，七星岩立于平旷湖面上，依次排开，形成观景的主体。相对七星岩来说，星湖是旷如空间，星岩内部山林幽邃，是奥如空间。而端州星湖中的里湖，藏在七星岩中，尺度较外

图5-1-2　1932年的惠州西湖
（来源：《惠州日报》）

围中心湖急剧缩小，空间对比十分强烈（图5-1-3）。

七星岩坐落在星湖之间，背靠北岭山，七星岩和星湖的空间关系如同一水仙境中坐落的岛屿，明代张显祖对此感叹道："一区仙境蓬莱岛，七点星岩兜率宫。"其将星湖七星岩的景致和仙境相提并论。吴桂芳在《临壑亭纪》中认为，端州星湖七星岩的风景之美，"当与兰亭、西湖、凤台、燕矶，比雄于中原"。清屈大均在《广东新语》中对这个空间关系进行了描述。

> 七星岩，在沥湖中，去肇庆城北六里。一曰冈台山，一曰员屋，七峰两两离立，不相连属。二十余里间，若贯珠引绳，璇玑回转，盖帝车之精所成，而沥湖则云汉之余液也。玉屏居七峰之东，是象玉衡，或以七峰纯作金形，上应西方白虎七宿。予谓《易》称效法谓坤，天有七星以为象，则地有七峰以为法。象者精气之所为，峰无精气，以星为精气。其含云吐雨，居禽兽而生草木，皆星之所为也。石乳者星之津液，宝藏者星之光芒，一卷之多，皆珠斗之子孙也。其或岩间积湿生光，荧荧若星，则威之所作，威始于润下，终于炎上。润下为火之阴，炎上为火之阳，亦皆星之变化也。七峰皆中空，各为一岩，岩毕南向。[①]

潮州西湖倚立西湖山一侧，湖一侧，青石驳岸，沿湖道路蜿蜒其中，亭榭曲桥。山林一侧，树木郁郁，山路回折。山林间的幽奥与湖区的开旷形成对比，山水之间虚实呼应，空间旷奥交替，尺度收放，形成了丰富的空间节奏。

（二）旷奥空间的动态转换

旷奥空间的对比在风景中，往往是奥中有旷，旷中有奥的相互嵌套。游人在其中游

① （清）屈大均. 广东新语［G］. 北京：国家图书馆馆藏本：卷3，山语.

（a）星湖湖区的旷如空间　　　　　　　　　　　　　（b）星湖景区内部的奥如空间

图5-1-3　端州星湖的旷奥空间对比

图5-1-4　端州星湖的旷奥空间转换

赏，不断产生的空间交替转换和节奏变化，使得观赏者心理上形成了不断变化的空间感受，成为一个极具趣味性的观赏效果。

图5-1-4展示了端州星湖的旷奥空间变化，从最外部的星湖到七星岩内部的湖区中，空间不断收缩，有人行进可以鲜明地感受到这种不断交替变化的空间转换，从而给人带来十分难得的空间感受。

旷奥空间在静态上的交替嵌套和在游览过程中的动态转换，成为岭南州府园林（乃至州府园林而言）一个十分富有趣味的空间感受。如何对其组织，就要通过长期的观察，注重地形自身产生的空间变化特征，因势利导，形成有趣的游览路径。

二、汀岛桥亭的营造组织

岭南州府园林的水面往往是由筑堤蓄水演变而来，筑堤以蓄水成湖，是岭南州府园林水面形成的关键，如雷州西湖，"在城西一里，即西湖，源发英灵诸冈，宋绍兴间，郡守何庾筑堤潴水，建东西二闸，引水灌田闸上，建惠济桥"[①]。惠州西湖、潮州西湖、连州海阳湖、邕州南湖等都在此列。

---

① （清）郝玉麟，鲁曾煜，等，编纂；陈晓玉，梁笑玲，整理. 广东通志［G］. 广州：广东省立中山
　　图书馆藏本：2册，卷13.

拦蓄之初，往往缺乏层次组织的大片水面，空间容易单调乏味，难以形成良好的空间效果，则需要对这些水面进行处理，加以适当的遮挡，形成旷奥交替的空间感受。如何通过适当的方法划分其水域，增加其空间的层次感受，是岭南州府园林营造中的共性问题。从实践来看，在湖上拦堤、筑岛、修桥、建亭，都是对水面处理十分有效的方法，经过历代不断的演进，就形成了汀、岛、桥、亭的水局建构方式，尤以惠州西湖为典型（图5-1-5）。

（一）汀岸

古典园林的岸线处理是一个老生常谈的问题，在岸线的各种处理形式中，以几何式和自然式为主，现在我们看到的以江南园林为代表的私家古典园林多是自然式的岸线处理。然而，在唐宋时期创作的山水界画中可以看出，园林以方池居多，岸线处理极为平直、干脆，如宋代张择端的《金明池争标图》中的池就是岸线平直的方池（图5-1-6）。

在外国古典园林的营造中，方池的做法则十分常见，如13世纪中期西班牙格拉纳达阿尔罕布拉宫中的庭院水池便是典型的案例。14～16世纪的波斯细密画中也有大量反映方池的画作。倘若探索历史记载最早的方池，则可以追溯到距今约3370年，古代埃及新王国时期的著名壁画，内巴蒙花园（Pond in a Garden from of Nebamun）（图5-1-7）。

这幅壁画为我们展现了早期园林中的方池特点，方池周边种植有包括椰枣树、无花果树、槐树在内的植物。花园的核心是一个方形的水池，鸭子和鱼在水中穿梭、白色的睡莲盛开着。内巴蒙花园壁画出土于埃及底比斯内巴蒙墓，是一种墓葬壁画。在古代东

图5-1-5　宋代惠州西湖复原想象图

图5-1-6 宋·张择端 金明池争标图
（来源：天津市博物馆藏品）

图5-1-7 古埃及内巴蒙的花园
（来源：大英博物馆藏品）

西方文明中，均有着侍死如生的祭祀传统。这样一种墓葬壁画，正是折射着墓葬主人活着的生活状态，希望在死去之后，仍能继续享用。

州府园林的营造中自然曲折的岸线形态则是因地制宜地应用已经存在了的原有自然岸线，这是和西方早期园林有所不同的处理方式。曾新、曾昭璇认为，"在西城与子城连接处，即西湖相对应的南北城垣与壕池呈现弯曲形态"[①]，这说明药洲所在的岸线应该是一种自然曲折的岸线处理，是将原广州城子城西角的一处淤积之水整治而成，"子城西角潴为湖，水晶宫殿开仙都"（吴兰修《药洲》）。

宋鲍彤研究吴武陵《新开隐山记》和韦宗卿《隐山六洞记》，发现在吴记时潭池还未成一体，而在韦宗卿所记时，已成一处。吴武陵和韦宗卿相差时间，大概在半年或一年左右。说明李渤营造隐山西湖，很可能也是通过拦截水的方式，将隐山与西山之间的"蒙溪"和"壕泉"二水整治成一个大的潭池。这个汀岸由于是蓄水为池，亦应该是自然曲折的汀岸处理。

> 自诸水隐山下池，谥曰蒙泉。派合成流，水源有二。其一源自夕阳，注嘉莲，经白雀，历朝阳，旁浸北牖，出于南华，流□积为池；其一源自蒙溪，溪源在北牖岣东北里余，出于北山，自山南流，会于南华岣，水合而成池。[②]

明代翁方纲在《秋晚重游雷州西湖兼怀确斋》中写到，"飞舞百顷浪，抱郭成弯弓。谁云潦水减，更觉亭阁空"。从诗中可以看出，至少到明代，雷州西湖的汀岸都应该是环绕城郭而似弯弓的形态。

自然式的汀岸处理在宋代园林中并不常见，从宋画中的方池来看，宋代园林以方池为主。在明代的山水画中，自然式的池岸开始普遍出现。自然式的汀岸处理是中国古典园林营造的一个特点，对这样一种处理方式形成认识，显然是古人在自然山水中进行具体营造之后才能产生的（图5-1-8）。因此，这也能大概揭示，为什么唐宋之后的中国古典园林营造，开始转向攀拟自然式的池岸建设。

（二）洲岛山

我国自古就有"一海三山"的传说，指的古代东海和海上蓬莱、方丈、瀛洲三座山体，这样的构型在汉代被汉武帝在长安建造建章宫时用在太液池中，又谓之"一池三山"。清吴兰修在《药洲》一诗中评药洲和九曜石，指出二者是蓬瀛化身，"霸王忽欲求长生，磊石湖上为蓬瀛"。

从空间营造的手法来讲，在水面上以点缀岛或者山的实体形态，弱化原来水面的旷

---

① 曾新，曾昭璇. 《永乐大典》卷一的三幅地图考释［J］. 岭南文史，2004（1）：45-51.

② （唐）韦宗卿. 隐山六洞记［A］//（清）董诰，等. 全唐文［G］. 北京：国家图书馆馆藏本：7部，卷695.

（a）自然式汀岸　　　　　　　　（b）自然形成的石质汀岸

图5-1-8　岭南州府园林中自然形成的汀岸

如感，从而丰富空间的层次变化。同时，部分位置较好的岛又形成了绝佳的观景点，如惠州西湖上的芳华洲、点翠洲、百花洲就是一个十分典型的范例。又如广州西湖中的药洲，又称石洲，在西园中，亦是一个岛，上面布满奇石。每当云蒸霞蔚之际，药洲就犹如仙境，宋代许彦光有"花药氤氲海上洲"之句，故宋代药洲又称仙洲。

端州星湖七星岩本是七座石灰岩的自然山体耸立在沥湖中，天然形成了绝佳的景观效果，若是时间较巧，湖面上泛起迷蒙水雾，岛（山）在湖面上，就又形成了远观如幻的视觉效果，素有"一区仙境蓬莱岛"的美誉。

桂林隐山原名盘龙岗，宝庆年间李渤在此开辟桂林西湖，西湖环绕盘龙岗，山在水中忽隐忽现，遂成隐山。

洲岛山在水域空间中的作用可以分隔空间，增加风景层次，同时它们也是空旷水面的一个景点，孤立于水中，形成由中心向四周发散的视线，具有全方位的视野条件。同堤桥通过连续线性空间增加湖面层次不同，湖面上的洲岛山通过块的体量的综合，形成水面的对比，打破湖面的单调来增加景深。

（三）堤桥

从空间的组织上来看，堤桥都是用来切割水面的风景要素。惠州西湖有烟霞桥、拱北桥、西新桥、明圣桥、圆通桥、迎仙桥六桥，其中，西新桥、圆通桥皆是借堤为桥。堤桥拦跨在湖面上，对湖面的空间而言，起到了划分的作用，惠州西湖的湖面就被划分为菱湖、鳄湖、平湖、丰湖和南湖五个区域，菱湖在西湖的西北面，鳄湖在西南面，平湖在西湖中心，东侧为丰湖，再过去便是南湖。

早在唐宋时，端州星湖七星岩上就有玉蝀，彩虹二桥，用以沟通沥湖上的交通，"端州玉蝀桥在高要县北，七星岩前有二桥，南曰玉蝀，北曰彩虹，中丞石墩以跨沥湖"①。端州星湖湖面平阔，通过湖堤桥的处理，将东西向分布达10多公里长的各湖区相互切割，又交替嵌套，避免了呆板的空间效果。

苏东坡在杭州西湖、颍州西湖都有参与过湖泊的整治，对于在湖上修堤建桥极为重视，杭州西湖上现在还留有著名的苏堤。一到惠州，苏东坡便资助了东新桥和西新桥的修筑。

堤桥在划分水域空间的区别在于虚实，桥下流水，动线和视线并不完全阻隔，堤则是实体的形态，桥的形成往往有三种，一种是纯粹的建桥以通达，另一种是化堤为桥，再一种是桥亭一体。桥方便了游人通过，亭方便了游人驻足，往往成为点景的主题，在岭南州府园林中均有设置。

堤和桥亦可以结合起来。风景营造上，堤桥的作用主要有：

（1）分隔水面。通过堤桥的组织对较大的水面进行切割，从而形成不同尺度的空间，增加了风景的层次和内容。堤桥在水域空间中，通常与洲岛山相互组合，串联起各个景观空间，丰富景观层次。而且各种形态与体量的对比，可形成不同的视觉焦点。

（2）观景赏景。堤桥近水，沿堤桥行走，可以从不同角度驻足观赏湖山胜景，达到步移景异的观赏趣味效果。而且桥又常常高于水面，更方便游人于桥上远眺湖山之景，是一个极佳的观景点。

（3）自成一景。堤桥是一个观景点，而其自身亦是一个绝妙的景点。一如卞之琳的诗："你站在桥上看风景，看风景的人在楼上看你"。堤桥对于湖面而言，它们切割了湖面，形成视觉上的"障景"。游人的视线往往就聚焦在它们身上，需要做特别的造型处理。

（4）交通联系。洲岛山和汀岸之间相隔水面，需要有交通上的联系，于是堤桥就应运而生了。堤桥不但可以通过对两边湖面的隔而不断，产生相互渗透的景观空间层次，还可以方便游人水上游览湖山美景。烟霞桥在鳄湖上，拱北桥在平湖北，西新桥与苏堤一起，西接泗州塔，明圣桥（图5-1-9）架在丰湖上，园通桥连接丰湖和南湖，迎仙桥连接平湖的玄妙观和芳华洲。

图5-1-9　惠州西湖明圣桥和陈公堤

① （清）蒋廷锡，王安国，等. 大清一统志［G］. 北京：国家图书馆馆藏本：卷436，肇庆府2.

（四）亭（建筑）

亭的优势在于，既可以四望观景，而好的亭子本身又是一景，起到了活跃空间的作用。岭南州府园林内的各式亭子，皆为点睛之笔。

建在山中的称为山亭，建在水中的称为水亭。建在山林中的亭子，可在高处凭栏观赏，亦丰富了山体的轮廓线，如惠州西湖的六如亭、野史亭建在山中，宋陈尧佐《题寄野史亭》诗云："山好曾留句，城高复创亭。登临千万景，谁与画为屏"①。元晦在桂林的叠彩山建有叠彩亭、岩光亭、销忧亭、齐云亭等。齐云亭位于叠彩山明月峰，意为此地齐云，今称拿云亭。登上齐云亭的遥望，就可一览桂林山水美景。桂林伏波山上建有蒙亭，李师中记有《蒙亭记》，"斯亭之成，景物来会。江山之胜，相与无际"。绍圣年间，胡宗回修葺蒙亭，有《重修蒙亭记》一文。桂林西湖隐山中李渤修建了许多亭台，在山顶有庆云亭、朝阳亭、夕阳亭，桂林《朝阳亭记》中记载，"其上为亭，面山俯江，据登揽之会"。由于山高可望远，在山上的亭子凭栏远眺，更有一种观景的曼妙。于山中嵌入亭台，可构成一种相互观景的互动关系。

建在水中的亭子，要突出亲水性，如惠州西湖的湖光亭、点翠洲亭、芳华亭，桂林的东山亭、拜表亭等，潮州西湖的湖中央有湖平亭。同时，亭也是一类放生祝圣的场所，潮州西湖在宋代就有立在湖心的放生亭，"庆元已未，林侯嶫从邦人之请，开浚之。沿湖载柳种莲，作亭于湖，以为放生祝圣之所"②。裴行立在桂林訾家洲上沿江建亭，在亭中西望象鼻山，西北处远眺江水城墙，东望七星山，南望塔山。亭立于平旷的訾家洲中，日可观风景，夜可观星月，柳宗元在《訾家洲亭记》中就曾指出，"则凡名观游于天下者，有不屈伏退让以推高是亭者乎？"，"昔之所大，蓄在亭内"③。

宋咸淳八年（1272年），郡守陈大震沿着雷州西湖建设了横舟、流水孤舟、狎鸥、州之眉目、泳飞、总宜、活泼泼地、放生八亭，"雷州西湖石刻字。湖上有亭"④。明代进士袁茂美对雷州西湖的湖、堤、亭、船、田、鱼、月、雨品题了八咏，其中咏《西湖亭》曰："湖水流澹动，亭台巧结作。倒影青天里，分明七星落。四窗纳靓景，高树罩疏幂。于焉暂游憩，俯仰尽寥廓。"

亭和桥也可以结合起来，成为亲水方式的一种。《舆地纪胜》中有记载，"潮州西湖，萦绕于州之大平桥下，径湖以桥建亭其中，曰倒景，曰云路，曰立翠，曰东笑。"⑤

---

① （民国）张友仁，编著；麦涛，点校；高国抗，修订. 惠州西湖志［M］. 广州：广东高等教育出版社，1989：118.

② （宋）潮州三阳志［A］//（明）解缙. 永乐大典［G］. 北京：国家图书馆馆藏本：卷2264.

③ （唐）柳宗元. 桂州裴中丞作訾家洲亭记［A］//（清）董诰，等. 全唐文［G］. 北京：国家图书馆馆藏本：卷580.

④ （清）翁方纲，著；欧广勇，伍庆陆，补注. 粤东金石略补注［M］. 广州：广东人民出版社，2012. 357-358.

⑤ （宋）黄景祥. 湖山记［A］//（明）解缙. 永乐大典［G］. 北京：国家图书馆馆藏本：卷5345.

岭南州府园林最开始以自然山水的本底展开建设，基本内容是保留自然形态为主的汀岸整饬建设，洲、岛、山的建设，堤桥的建设，亭台楼阁等一系列风景建筑的建设。随着"汀、岛、桥、亭"（图5-1-10）等各个要素不断地深入建设，风景空间的层次逐渐丰富，通过若干要素的组织形成空间形态的开合，从而营造体量适中、尺度宜人、景域优美的风景园林空间。

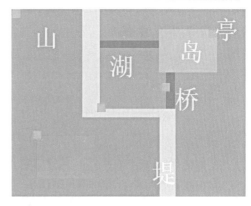

图5-1-10 汀、岛、桥、亭的基本范式

三、物相变化的景致捕捉

上下四方谓之宇，古往今来谓之宙，古人对宇宙万物时空变化的感知，其中一个主要方面就是对由物相变化而衍生的景致的敏感捕捉。毫无疑问，风景园林首先是十分具象的空间概念，无论是水体、山石、植物或建筑等要素都是十分具体的物质要素，其存在于具体的空间之中。同时，园林空间也要经历时间的变化，由于时序、气象变化产生的色彩、云霞等各种变幻莫测的因素，各种园林要素都会随之改变而产生丰富的物相变化，于是就有变化不尽的园林时空景致。如果说借空间的景致是一种视觉上的策略，那么对于物相变化的景致捕捉，就是意境营造的关键了。

柳宗元在《桂州裴中丞作訾家洲亭记》一文中指出，"日出扶桑，云飞苍梧，海霞岛雾，来助游物。其隙则抗月槛于回溪，出风榭于篁中。昼极其美，又益以夜。列星下布，灏气回合，邃然万变，若与安期、羡门接于物外"。这段优美的景色描写，实际上是借助了时间的变换，日月四时的时序嵌套在空间之中，形成了景色意境深远的表达。

这种园林景观变化的另一方面表现在风景是需要游览的，而游览是一个动态的呈现过程。对于游人来说，游赏时，空间可以不断切换形态，需要对空间的结构层次进行组织；而当静赏时，园林可以随时间变化而改变景致，又是另一番风景体验。如惠州西湖"雁塔斜晖"一景，斜阳落日之间的余晖，洒落在惠州西湖之上，营造浓浓的夕阳西下的意境。清代卢挺曾描绘此景为"四面山光抹落霞"。苏东坡在惠州时曾月夜游西湖，"予尝夜起登合江楼，或与客游丰湖，入栖禅寺，叩罗浮道院，登逍遥堂，逮晓乃归"。通过对月夜五更的感受，写下惠州西湖《江月五首》来捕捉惠州西湖中秋前后的景致。

林光世评价潮州西湖时说，"回环十里，潋滟空蒙。宜晴宜雨，宜月宜风"，指出潮州西湖的风景，晴雨风月，都具有不同的感受。潮州西湖山，在西湖一侧，湖山相伴所形成的空间，被南宋林嶒描述为"溪流横过一湾碧，山色平分两岸青"。对于其夜间的景色，林嶒称之为"小亭穿入缘阴从，亭下沙平九十弓。落日鸟鸣图嶂里，画桥人在镜奁中。城宽檐角容春树，塔迥灯辉下夜空。顾我南来何所得，一山明月一溪风"①。

小亭在树荫中隐约浮现，亭下的细沙平整，有着九十斤弓箭的射程之远。落日下，鸟在如同图画般的山嶂中鸣叫；如画一般的桥上，人好像在湖水倒映出的镜子中游走。月下清风，宽阔的城池、建筑的檐角、春天的树木和远处的高塔，在夜灯的辉照下走下夜空。诗人一路向南的仕途生涯中，得来的便是这一山明月一溪风。林嶂可谓是潮州西湖空间格局最早的塑造者，在其文章诗词中不难看出，他对潮州西湖的风景格局相当满意。

端州星湖七星岩，春夏之间由于雨季而湖水上涨，将七星岩衬映水中，最是观赏的好时节，清代蓝鼎元形容为蓬瀛之景，"合石室巉而七之沥湖，环其下可通舟，春夏之交，湖水盛长，虽蓬瀛无以过也"②。

除了空间，古人对于这些时序变化而产生的包括色香味在内的物相变化亦十分敏感，如清初李调元在《南越笔记》中记载惠州西湖有清醒、古榕二泉，古榕泉的泉水会随着时序变化更迭，"清醒在丰湖南姚坑，泉口仅如盂，日汲数十石不竭。水比他泉稍重。古榕在湖峰西麓，迸出石隙甚芳冽，清醒则甘。然冬尽春初，古榕泉味复与清醒埒。清醒不变而古榕独变，亦异甚"③。泉眼本身亦是一个游览的风景点，因时序变化而产生的不同体验，就提升了它的景致内涵。

时间在流动，事物本身也在不停地动态变化。州府园林的风景身处山水之间，自然胜景繁多，这些自然胜景随着时间变化，其景色也会产生不同的趣味。在古典园林中，极其擅长利用某个特别的时点来营造景致，就一日之间，如晨曦、夕霞、晚月、星辰；一年之间春夏秋冬的四季变化，特定的节日，都是常见的时点。

在州府园林的山水之间，这些晴雨变化的气象变幻无穷，给予游赏者不同的心理感受。早晚之间的缥缈云雾，使山水形胜脱离了尘世俗凡，在云烟弥漫的虚无缥缈中，营造一种如仙如幻的意境，亦是一种借助气象变化的景致捕捉。惠州西湖上有岛名"披云"，所谓"披云"，事实上是特定时刻（夏日早，冬日晚），冷空气流过较暖的水面时水蒸气因冷空气而形成雾，这样的景象在端州、桂州、邕州都有参照，端州亦有披云楼。黄景祥指潮州西湖是"春温而林木茂，隆暑而清风来，徂秋而爽气豁，祁寒而青青不改，四时无非乐也"。

昼夜往复、四季轮替、气象万千，流动的时间缔造了岭南州府园林富于变化的景致。捕捉这种具有时间变化特征的景致，在营造风景点中强化这种流动性的风景感受，极易对游赏者形成特点鲜明的观景感受。

---

① 王浩远，王超. 南宋闽籍诗人林嶂考［J］. 古籍整理研究学刊，2012（3）：60-63.

② （清）蓝鼎元. 鹿洲初集［A］//纪昀，等. 钦定四库全书［G］. 北京：国家图书馆藏本：卷10.

③ （清）李调元. 南越笔记［M］. 北京：中华书局，1985：卷3.

基本营造内容

一、风景建筑

出于观景（或者说用景）的需要，人们往往在重要空间节点上营造建筑。关于岭南州府园林中的风景建筑形式和分类，惠州西湖的建筑资料相对齐全，比较具有代表性。

塔、桥、亭、台、阁、楼、坊等多为单体建筑，功能也比较单一，观景功能和交通功能为其主要功能，多用于构筑景观标志物。祠、堂、寺观、庙庵、书院、山庄等多为群体建筑，建筑功能比较复杂多样。岭南州府园林中的建筑组织形式，丰富多样，灵活多变，不拘一格，根据实际地形和功能需要依次展开。从建筑的风景使用来看，主要有三个层面，一是观赏风景之处；二是当建筑体量较小时，作为风景中的点景，形成风景构图；三是当建筑本身的营造范围较大时，倚立湖山之中，其形态、尺度就又和风景本身合成一景。

（一）观景和借景

岭南州府园林处于山水之间，山势起伏转折，水域各有变化，风景空间旷奥交替嵌套，于是古人便常常借远山近水来造景。山水如画，借助旷奥交替的空间渗透，适当取点就起到了很好的景效。

"因借"的造景手法在中国传统园林营造中，既是一种技术手段，也是一种认识。所谓"借景"，就是把观赏者矗立界限之外的景致通过空间的开合渗透进来。借用自然的空间形态本底来塑造这种空间的渗透关系，可以起到事半功倍的效果，"惟山林最胜，有高有凹，有曲有深，有峻有悬，有平而坦，自成天然之趣，不烦人事之功"[①]。总体来看，空间上借景之法有邻借和远借两个方式。对于近景的处理，往往是基于特定的物，如建筑、植物等，所谓"一枝红杏出墙来"。对于远景的因借处理，则需要依靠旷奥交替的空间嵌套。

风景的特征，需要有观赏者来进行主观的识别，这种空间体认，在古代的山水艺术创作中均有反映。北宋画家郭熙指出，对于一幅静态的山水画而言，要求在画面中体现高远、深远、平远，也谓之"三远"。一个好的风景观赏点实际也遵循了这三个原则，即对垂直向、纵深向、水平向的风景视线组织（图5-2-1）。

---

① （明）计成. 园冶注释 [M]. 北京：中国建筑工业出版社，1988：58.

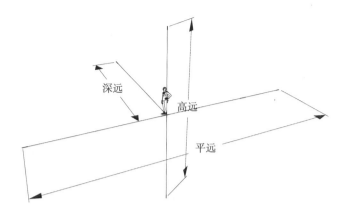

图5-2-1 "三远"的三个方向示意图

对垂直向的风景观赏（高远），就要求所立之处的景致要高，从风景建筑望山去，仍不可窥全貌，观赏者还需要产生大的仰视角才可以窥见蓝天白云。多数在山脚下的风景点都可以起到这样的效果，人们往往在此营造风景建筑。

对水平向的风景观赏（平远），就要求所立之处要开阔平旷，视野无遮挡。唐元和十三年（公元818年）裴行立在桂林营建訾家洲，訾家洲为漓江中的江心岛，江面开阔，地势平旷，北眺伏波山、叠彩山较远，南望象鼻山、南溪山。裴行立根据周围自然环境、山水的特点，做了精细的构思，将建筑立在北面高处，东西两侧临水，使得远处的风景皆可观赏。柳宗元在《訾家洲亭记》一文中亦指出了"昔之所大，蓄于亭内"。惠州西湖的准堤阁，在孤山一侧，沿湖而立，由于视野平旷无遮挡，远处的湖景被借入视域中，形成平远的视觉效果（图5-2-2）。这样的手法在古典园林中也有许多成功的实例，如颐和园借玉泉山塔影，拙政园借北寺塔，无锡寄畅园借惠山塔等。

"十里湖山千里月，贤人踪迹圣人心"，是雷州西湖十贤祠外的一对楹联，这幅对

图5-2-2 惠州西湖准堤阁眺望

联深刻总结了雷州西湖的空间和历史特点。"十里湖山"指的是西湖和雷州北侧的英灵岗，"英灵冈，在府城北，五里府治之主山，相传雷出于此，英灵显异故名"[①]。英灵岗是雷州城的风水靠山，"千里月"实际指的是雷州西湖所在雷州半岛的地势相对平缓，好像千里之外的月亮仍能看到。由于地势平缓，雷州西湖的空间格局是岭南州府园林中比较开阔的，寇准有诗云，"公余策马到英灵，幸有官僚伴使星。人物熙熙风景盛，好将佳□入丹青"[②]。元代陈大震环绕雷州西湖建横舟、流水孤舟、狎鸭、洲之眉目、泳飞、总宜、放生八亭，后倾圮。明代张岳又在雷州西湖上建造信芳亭，张岳在《信芳亭记》一文中讲到了在信芳亭中观看雷州西湖的风景，"兹湖皆不能挟而有之，独其浑涵潋滟，吞吐万象与海上云日相澄，辉于遐荒杳霭之表，则非意趣悠远不以奇丽？富求山川者，亦不能屡至而自得也"[③]。

对纵深向的风景观赏（深远），就要求远看之处要有层次。惠州西湖西南侧的山体平均海拔为数十米，面向西湖形成群山环抱之势，成为景观的第一个层次，自西北向东南更远的古榕山、太平山、玉桂山、红花嶂等形成景观的第二个层次，这些群山层层叠叠，构成了惠州西湖的景观构架。站在惠州西湖元妙观，远眺正南方可视尽惠州西湖之南，芳华洲、点翠洲、浮翠洲、西湖各桥堤等皆入眼内。

总体而言，由于岭南州府园林往往在一片水网密布的自然环境中，利用向上的山路，在山脚处择地营造建筑，形成"高远"的观景效果；当风景建筑面对的是浩瀚、清澈的湖面，湖上的长堤或桥体沟通着水上点缀的岛山，就形成"平远"的观景效果；利用山体丘壑的奥如幽森，则形成"深远"的观景效果。

沿水修建的大量风景建筑，如湘南楼、熙春台、泛绿阁、环翠阁、骖鸾阁、得月楼等，均可成为一系列亲水性极强的观景建筑。一些临水而建的观景建筑亦是泛舟游船的登舟之处，具有交通功能，如宋代桂林的八桂堂、蒙亭、癸水亭、正夏堂、湘南楼，端州的崧台。这些装点于湖山之间观景的建筑，同时凭借其自身的特点，又成了风景的一部分。

（二）点景与组景

风景建筑在山水中具有很强的点景作用。将小尺度的风景建筑立于湖山之间，通过适宜的选址，映衬了湖山的风景空间，可以起到点景的作用。如小巧的亭布于山顶或者水畔本用于观景，但从另一侧来看，亭子倒映水中，又起到了点景的作用。林嶙整治潮州西湖，在西湖上立三亭，其中湖平亭在水中央，抓住了水旷如之空间感，而在山的一侧立倒景亭，则是抓住了水可以倒映的特点，"滨于南，曰放生。介于中，曰湖平。跨

---

① （明）李贤，等. 大明一统志［G］. 北京：国家图书馆藏本：卷81.

② （清）郝玉麟，鲁曾煜，等，编纂；陈晓玉，梁笑玲，整理. 广东通志［G］. 广州：广东省立中山图书馆藏本：卷54，坛祠志.

③ （明）黄宗羲. 明文华. 第332卷.

于山之侧，曰倒景"①。宋代杨杰在《丰湖歌》中写到，"近闻更有丰湖好，环匝亭台映洲岛"，亭台对于洲岛有十分强的衬映作用。

北宋大观三年（1109年）索述游览七星岩后指出，七星岩上的峰岩点缀的亭子，形成了很好的点景作用，"三四奇峰傍短亭，一岩□□冠图经"②。

塔是一类标志性的竖向建筑，塔幢立于山腰、缓坡处，可以强调空间上的竖向构图，平衡空间的旷奥之感。

惠州西湖原有泗州塔，在孤山之上，孤山海拔仅13.5米。所谓孤山就是被周边的水面所围绕，因而孤山处在中心的位置。元代泗州塔毁于战乱之后，明代在孤山上又修建一座楼阁式八角攒尖式7层砖塔，高37.7米。塔是竖向的标志物，在水平状的湖面上立塔，可以起到统领全局的作用（图5-2-3），在惠州西湖各处均可远眺泗州塔，具有景观视线上的控制作用，取得了很好的景观效果。与惠州西湖齐名的杭州西湖，亦有一座雷峰塔，其景效和泗洲塔基本相同，所不同的是泗州塔的体量较雷峰塔小，更契合惠州西湖的湖面尺度。

桂林八桂堂是在八角塘与土丘之间建起一组对称的建筑群，其外部空间东以伏波山为界，西以独秀峰为界，北以叠彩山为界，南以土丘高坡为界，外部形成一个包围空间。前庭在宽阔的水面上筑起了洲岛和楼阁。后庭在土丘上筑园、植树，空间高低错落，富于变化。

塔、桥、亭、台、阁、楼、坊等单体建筑，亦可以通过连廊之间相互串联，辅助以

图5-2-3 作为统领全湖视觉中心惠州西湖泗州塔

① （宋）许寨. 重辟西湖记［A］//（明）解缙. 永乐大典［G］. 北京：国家图书馆馆藏本：永乐大典卷2263，六模.
② （清）翁方纲，著；欧广勇，伍庆禄，补注. 粤东金石略补注［M］. 广州：广东人民出版社，2012：276.

功能性建筑，形成一组开放—半开放的建筑组群。李渤在开发桂林西湖的隐山时，充分考虑自然取景，筑亭在"北牖"之北，夹于溪潭之间。为满足游赏的功能，在亭的左右两翼通过游廊，将诸如厨房、歌台、舞榭等一系列功能性建筑组织起来，在建筑周围种植竹子和林木，在自然山水间营造了一组绝佳的园林建筑。再如裴行立在桂林的訾家洲，通过连廊将燕亭、高阁、崇轩、飞阁和闲馆等亭廊阁轩组织起来，自由组合成开放—半开放的建筑园林空间，在山水空间中自然延展。建筑与自然山水相互协调景观构图，在山水间辉映生趣。

二、风景植物

岭南高温多雨、终年湿润的气候条件利于植物生长，植物生长季节长，大都无冬季休眠期，一年四季常绿常花，广州就有花城的美誉。由于岭南地区花草树木四季常绿而花果不断，这与北方的景致大大不同，深得北来文人墨客的喜爱，留下了许多诗词歌赋。

根据现有文献，岭南的风景植物主要有乔木如松、柏、榕、桂、柳、槟榔、椰子、橄榄等，灌木如山橘、石榴、薜荔等，草本植物如郁金、豆范、睡莲等，藤本植物如钩吻、白花藤、相思子蔓等。

根据这些植物的风景特质，在岭南州府园林中，主要通过三种方式来使用风景植物。一是本身具有很强的文化符号信息的植物，如梅花、兰花、菊花此类，游赏之人可以借此咏物寓情。对植物赋予"人格"属性，亦是中国古典文化的一个传统。这些大量的诗词歌赋为岭南的古典园林植物造景增添了丰富的文化内涵。二是颜色、形态、气味都十分有特点的植物，如木棉、薜荔、刺桐，这些植物亦多为本地植物。三是可以食用的佳果，果木的应用是岭南园林植物营造中一个十分鲜明的特色。

广州的荔枝湾以荔枝取胜，而惠州西湖的荔浦、桃园，又以荔枝和桃花作景。明代惠州西湖还形成了以桃园和荔浦为母题的风景品题，惠州西湖八景中有"桃园日暖"和"荔浦风清"等品题。桃花给人的是艳丽炙热的视觉效果，"桃园日暖"更多的是强调一种心理因素，即桃花色泽给人暖意。《诗经·桃夭》中有"桃之夭夭，灼灼其华"的诗句，以"灼灼"来形容桃花，是描绘盛烈、炙热之感。单就"桃园日暖"景点本身来看，是借桃花营造的一种春意融融、热烈的景观效果，是以色温的角度来观赏。桃园西有桃花溪，溪附近的栖霞寺可"闻名心晓"，"栖霞"显然也"借景"桃花。古名"栖霞"者，往往与桃花有关，以"霞"比喻"桃花"。故惠湖的栖霞寺和桃花溪、桃园是互为借景。寺庙建筑借桃花造景，同时又点缀了桃园景观。"荔浦风清"一景也是同理。广州药洲曾建有濂溪书院纪念周敦颐，故常种植莲花。凡此种种，都在试图以植物种植来匹配空间性格，增加游人游览的热情。

而在风景建筑的庭园或者群落之间，往往会种植桃树、柑橘、桂树、芭蕉等花草树木。花卉草木，四季结果芬芳，各自争奇斗艳，形成良好的植物造景效果。风景植物在岭南州府园林的营造中，不但可以衬托建筑，自身亦可成景，再通过搭配一些文化观念的认识，还可以成为塑造空间文化性格的手段。

三、风景品题

中国传统山水艺术十分善于对时空景致的片断式捕捉，构成了独特的风景品题。自然山水是客观的时空存在，而一旦转化为风景，就不可避免地掺杂了人的主观认识和感受。

"横看成岭侧成峰，远近高低各不同"。对于每个品题者而言，针对山水的每一次品题都是一次独立的艺术创作过程。在层次丰富的山水风景中，观赏者（品题者）需要通过感官来感知风景各种时空要素，形成观赏者在视觉、听觉、触觉等感官系统中的认识，进而引发观赏者的心理变化，最后将观赏者的感受以文艺创作的方式表示出来，形成风景品题。

景观组诗是这类风景品题最早的形式，和州府园林的园林空间具体联系起来后，在宋代后期又形成了八景范式，并衍生出一系列诸如十景、十二景、二十景的风景品题形式，还开始出现一些意境图示。"文人在漫游山水、隐居园林的环境中创作了大量的组诗，自然景观因此被赋予了丰富的精神内涵和情感意蕴。纵观八景诗发展历史，唐代景观组诗在体式、创作模式、组景方式等方面，对宋代八景诗的定型产生了重要影响"。[①]

景观组诗在六朝时期产生，至唐代逐渐勃兴，以描写风景，借景寓情为主。刘禹锡的《海阳十咏》是岭南州府园林中最早的景观组诗。

刘禹锡《海阳十咏》的景观描写比较丰富，一是景观构成要素比较丰富，亭、桥、池、瀑、溪、石等皆有呈现；二是景观空间层次分明，既有如"九疑南面事，尽入寸眸中"的远景，又有"流水绕双岛，碧溪相并深"的中景，还有"潆渟幽壁下，深净如无力"的近景；三是动静景观结合得当，由于地势落差，水无常势，形成诸如"馀波绕石去，碎响隔溪闻""溅溅漱幽石，注入团圆处"等动态景观。

惠州西湖的景观组诗也十分多，宋代的以刘克庄的《罗湖八首》为代表。刘克庄的《罗湖八首》对景物的吟诵，是以他游览的时间序列为主线。在他的描述中，把惠州西湖和历史上的著名风景相比，指出西湖的湖山其实就是"蓬莱"在咫尺之间。刘克庄关于惠州西湖的《罗湖八首》的景观组诗，虽然没有具体形成惠州西湖的八景，但是可以说对于以后惠州西湖八景的形成，有着引导的作用。

明代肇庆知府王泮，对端州星湖七星岩进行了一番整治，开辟道路，修筑亭台，整

① 李正春. 论唐代景观组诗对宋代八景诗定型化的影响 [J]. 苏州大学学报（哲学社会科学版），2015，36（6）：167–172.

饬岩洞，把整饬后七星岩风景总结为二十景"石室龙床、沥湖渔棹、虹桥雪浪、天阁晴岚、金阙朝阳、宝陀夜月、星亭拥翠、霞岛飞琼、树德松涛、栖云榕荫、紫洞禅房、蓬壶仙径、临壑荷香、方塘鱼跃、杯峰浮玉、天柱流虹、仙掌秋风、阆风夕照、阿陂泉涌、石洞云封"。黎民表[1]作诗二十首对这二十景进行了描述，这是端州星湖七星岩对其景致进行系统总结，从黎民表的二十首诗中，我们可以一窥端州星湖七星岩早期的风景景致。

从王泮选定的端州星湖七星岩二十景可以发现，端州星湖七星岩既有人工景观"天阁晴岚""虹桥雪浪""星亭拥翠""紫洞禅房""蓬壶仙径"，又有天然景观"石室龙床""霞岛飞琼""金阙朝阳""宝陀夜月""树德松涛""栖云榕荫""杯峰浮玉""天柱流虹""仙掌秋风""阆风夕照""阿陂泉涌""石洞云封"，除此之外还有诸如"沥湖渔棹""临壑荷香""方塘鱼跃"这般的农业生产景观。总体而言，端州星湖七星岩的自然景观较多。

在景观组诗的演化下，这些风景品题逐渐定型，形成八景范式。如惠州西湖最早是八景，后来扩充成十八景，端州星湖有二十景；潮州西湖最早也是八景，后来品题成二十四胜景；雷州西湖有雷州西湖八景。同时，这些州府园林亦成为所在州府城市的八景序列之一，比如药洲仙湖，就以"药洲春晓"入列羊城八景。

明代惠州西湖形成了最早的八景：丰湖渔唱、半径樵归、山寺岚烟、水帘飞瀑、荔浦风清、桃园日暖、鹤峰返照、雁塔斜晖，后来又在清吴骞《西湖纪胜》中扩充成十四景，增象岭飞云、合江罗带、黄塘晚钟、苏堤玩月、榜岭春霖、西新避暑，同时改荔浦风清为荔浦晴光，桃园日暖为桃园春色。

潮州西湖最早是"湖山八景"，经后人逐步扩充为"湖山十景"和"南岩十景"，清代又扩为"西湖二十四景"。关于湖山八景、十景，现已不得全，湖山十景诗亦只有五景留存，分别是"古洞佛灯""杓阁榕阴""梅庄新雪""水仙月夜"和"钓台秋色"。

大致来看，影响风景品题的因素，首先是针对风景山水本身的时空因素，自然山水的空间形态是风景品题当仁不让的基本对象，同时，品题亦可以和四时接壤，星光月影，晨雾晚霞，都是和时间相关的景致。

其次是一些由风景中衍生出来的景致，如桃子、荔枝等四季佳果，亭台楼阁等风景建筑，风霜雨雪等气象变化等，都是入景的品题。

再次是一些文化因素的想象和比附，如惠州西湖的泗州塔、桃园，寺观内回响的梵钟经吟，烟缭雾萌，宛若仙境，透着一股浓浓的禅意。潮州西湖的"古洞佛灯"品题，"玉窦何年凿，岩扉竟不扃。一灯依佛瘦，白画破云冥。光带镶山旧，色涵太古青。深林遮未得，漏影出云屏"，从品题中可以看出，时人对于西湖的景观特征渗透了一许佛

---

[1] 黎民表（1515—1581）字惟敬、号瑶石、罗浮山樵、瑶石山人，广东从化韶峒人。明嘉靖十三年（1534年）中举人，累官河南布政参议，万历七年（1579年）致仕。

禅之意。

　　除了纯粹的风景之外，这种风景品题在后期还产生了一系列变化，声音、香气对应的声景、香景都可以成为品题的对象。

　　岭南州府园林是以自然山水为骨架建构的风景园林，其理景之法，首先在于"因借"，风景品题亦是一种"借景"。融景以情，文以载情，得谓岭南州府园林之风景神韵。风景品题的背后都蕴含着大量的历史人文内涵，成为岭南州府园林文化营造一个重要的组成部分。

第六章

对后世园林营造的
影响初探

岭南州府园林的建设是以州府城市近郊的自然山水本底为依托，通过社会共同营造的方式，在历史的演化中逐步完成的，是古代州府城市地方政治、经济、文化状况之综合反映。

这个演化的进程对于中国古典园林的发展而言，其作用和意义重大。中国古典园林的营造，在通常意义的观点上，往往被认为是"师法自然"。然而，对于这个自然的基本原型是缺乏定义的。从纯粹哲学的观点来看，任何一种人类认识绝不可能是孤立的、片段的展开，而必定是基于普遍的、联系的社会实践而产生。在这个山水实践的过程中积累的具体认识，包括一系列山水艺文的创作，是推动中国古典园林从风景到园林转化的关键。

州府园林的营造是和古代城市发展相生相伴的，是古代大尺度的风景园林营造。对其进行研究，可以帮助我们更好地理解今天风景园林营造与都市生态、生产、生活环境的关系。在城市水利系统排涝防洪与城市景观环境创造的结合，城市文化与文脉的延续，古典公共园林与城市生活，风景和物质生产有机结合等问题上，州府园林于今天而言，仍有一定的借鉴意义。

第一节

以古为新：
朴素实用的风景基础设施

近年来，我国城市往往一下大暴雨就全城水浸，大面积内涝。解读的原因很多，解决的办法也众说纷纭。为了解决这个问题，城市政府、社会各界都为此投入了大量的资源。国内提出了基于海绵城市（水弹性城市）的解决方案，通过建设有效的海绵城市体系来实现对城市的雨洪管理。除此之外，许多研究者还基于西雅图低影响开发、中国香港和日本的雨水贮存设施等先进做法提出了相关建议。

实际上，这是一个老生常谈的历史问题，古代同样是长期存在雨洪的管理问题。古人朴素的生态智慧，则是通过建立足够的缓冲区域形成疏导。

古代城市建设需要契合周边的环境以达到"阴阳调和"的理想状态，城市和山水环境需要包容在一起，这是十分朴素的逻辑。今天我们的城市建成区域扩大了，相应的生态调蓄区域没有适时扩大，反而可能出现了被侵蚀或被包裹入城的情况，便产生了问题。城市湖泊、河道、绿地普遍被连绵成片的建筑物包围，甚至还不断被侵蚀，湖泊、河道铺设大量的硬质岸线，缺乏缓冲，当大雨倾盆的时候也就难免水浸满城了。

图6-1-1示意性地比较了明代肇庆、惠州、雷州三个州府的城湖尺度的相对关系，

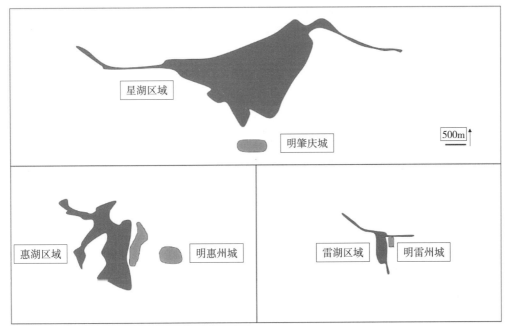

图6-1-1　明肇庆、惠州、雷州三地城湖尺度对比

　　从中可以看出，虽然三城的大小不一，但是相对于城市而言，属于州府园林范畴的湖区面积均为城市之数倍，若是算上湖区周边的山林田草，则尺度更大。

　　明清时期是我国的第四次小冰期，由于我国的夏季沿海东南季风携带水汽北上，东南沿海多为丘陵地貌，气温较低形成锋面雨带，水汽在南方已被凝结成降水，造成北方干旱、南方洪涝的气候特点。明清两朝共计545年，有记载的水患（表6-1-1），邕州（南宁）为10次，广州为8次，端州（肇庆）为8次，惠州14次，潮州10次，应该说岭南州府园林起到的调蓄功能是功不可没的。这些被记载的洪水实际上是基本接近或者能够摧毁城市的洪水，很多是全流域的特大洪水，如在惠州的14次水患中，有8次是大水淹没城垛的特大洪水，这显然超出了惠州西湖的调蓄能力[①]。明清两朝，这些大洪水之间的间隔基本都在数十年之久，从某种意义上，体现了这些近郊风景湖泊的调蓄功能。

　　何绍基在《题跋李北海<端州石室记>拓本》中，记叙了何绍基在同治癸亥年（1863年）初夏游历七星岩的事迹。何绍基记叙李邕《端州石室记》的碑刻此时正浸泡在水中，"余游七星岩，此碑正在水中，无从手拓"[②]。由此，我们得知在同治癸亥年（1863年）端州星湖实际是被水淹了，但是查阅地方志，并没有端州城被淹的记录。这种常年的调蓄作用，对于城市而言十分重要。

---

① 吴庆洲. 中国古城防洪研究［M］. 北京：中国建筑工业出版社，2009：363-379.
②（清）何绍基. 东洲草堂文钞［G］. 台北：台湾图书馆手稿影印本：卷10.

朝代	潮州	肇庆（端州）	惠州	南宁（邕州）
唐	—	—	—	景云二年（711年）
宋	至道二年（996年）	—	—	嘉祐三年（1058年）
元	—	—	—	至正二年（1342年）
明	弘治八年（1495年）	万历十四年（1586年）	永乐三年（1405年）	洪武四年（1371年）
	弘治九年（1496年）	万历四十二年（1614年）	嘉靖四年（1525年）	嘉靖十一年（1532年）
	—	崇祯三年（1630）	嘉靖四十三年（1564年）	崇祯六年（1633年）
	—	—	万历十年（1582年）	崇祯十一年（1638年）
	—	—	万历二十五年（1597年）	—
	—	—	万历三十二年（1604年）	—
清	康熙五年（1666年）	康熙十二年（1673年）	顺治十三年（1656年）	康熙五十四年（1715年）
	康熙十二年（1673年）	乾隆四十九年（1784年）	顺治十五年（1658年）	雍正九年（1731年）
	康熙三十三年（1694年）	乾隆五十年（1785年）	康熙三十三年（1694年）	乾隆三十六年（1771年）
	康熙五十四年（1715年）	道光十五年（1835年）	雍正四年（1726年）	嘉庆二十三年（1818年）
	康熙五十九年（1720年）	道光二十四年（1844年）	乾隆四年（1739年）	道光十七年（1837年）
	道光二十二年（1842年）	—	乾隆三十八年（1773年）	光绪七年（1881年）
	同治三年（1864年）	—	同治三年（1864年）	—
	同治十年（1871年）	—	光绪三十四年（1908年）	—
总数	11	8	14	13

（资料来源：吴庆洲《中国古城防洪研究》）

　　清屈大均在广东新语中指出了，药洲同广州城市演化的共振关系，"其一曰西湖，亦曰仙湖，在古瓮城西，伪南汉刘䶮之所凿也。其水北接文溪，东连沙澳，与药洲为一。长百余丈，岁久淤塞，宋经略陈岘疏浚之，辇□故苑奇石置其旁，多植白莲，因易名白莲池而湖亡。其东偏，今有仙湖里遗焉……药洲，在越王台西南一里，即䶮所凿仙湖，与之为一者也。二水既广，复与番禺二山青苍映带，每当春秋佳日，登临者不出三城之外，其观已足。今也三城连而为一，三山亦失其二，番与禺仅存培塿，而洲与湖之烟波浩渺皆不可问矣"[1]。由于古代广州城市的不断发展，药洲被包裹入城，湖面后逐渐被侵占，急剧缩小，最后仅为一白莲池。根据屈大均的描述，药洲在古代是与"番禺二山青苍映带"的相互关系，而番山和禺山也在城市发展中"仅存培塿"。药洲和仙湖的湖面在屈大均所在的清代就已经不见踪迹了，"烟波浩渺皆不可问矣"。

　　根据吴庆洲的统计，广州在清代共计有8次大洪水记录，这八次大洪水记录中，有六次都是语焉不详，简短带过，唯道光十三年（1833年）和光绪十一年（1885年）记载

---

① （清）屈大均. 广东新语［G］. 北京：国家图书馆馆藏本：卷4，水语.

详细。在记载中，光绪十一年的这次大水十分惨烈，"西关外水深至三四尺，城内一二尺不等。连日绅士善堂捞起民尸不下千百。传闻淹没人口万余，其漂流逃生者又过万余"[①]。广州的西关地区，地势低洼，在五代是南汉主刘氏的宫苑园林所在，其水系亦和药洲之间有连通，至宋代又成为州民游览之所。明清时期，广州成为对外通商的重镇，人口激增，原本是城市近郊的风景之地逐渐变成居民密集的城厢地区。由于地势低洼，每当大水来临之时自然成为首当其冲之地。时至今日，每当暴雨袭来，广州市西关地区的水浸现象依然存在（图6-1-2）。

同时，我们也要看到，"治水"实际是贯穿了中国历史发展的一个主要线索。不单是岭南地区，中国历史上大量出现的"城市—湖泊"系统，都是在所处州府城市的不断发展中因地制宜地产生的。

从地域分布上看，这些"城湖"所在的州府基本沿着蓝武驿道（正南线）及两都驿道（东南线）两个驿道系统分布，大量的州府城市都是沿着这个驿道系统修建的。唐代之后，随着海上贸易的发展，东南沿海地区的沿海贸易线路（沿海线）得到了发展，这些靠近东南沿海的城市也得到了发展。

这些"城湖"系统绝大多数出现在胡焕庸线这个现代地理学概念的东南一侧，集中于我国国土的东南丘陵地貌地区，是我国三大台阶地势的第三级。这些州府城市的绝大多数实际都是处于这些丘陵地貌中的小盆地中，"城湖"结构能够很好地应对这个小区域的地形地貌。

虽然胡焕庸线是一个现代地理学的观点，但是它的存在有着深刻的地理历史认识。这些拥有悠久"城湖"系统营造历史的城市，其所分布的胡焕庸线以东南，是当前我国主要的经济发展区域和人口聚集区。尽管这些地方的城市在历史营建中形成了一个个"城湖"系统，但在今天的城市建设中，并没有很好地吸收这些经验。从近几年如广州、潮州、杭州、温州等城市频繁爆出的城市内涝来看，反映出的深层次原因其实是城市发展过程中，其空间结构和自然本底没有很好匹配的问题。

现今仍有迹可循可考其历史"城市—湖泊"系统的城市，据笔者统计，约有27个。

图6-1-2　2018年夏季广州荔湾西关地区暴雨后水浸现象
（来源：微博平台综合）

① 吴庆洲. 中国古城防洪研究［M］. 北京：中国建筑工业出版社，2009：392.

但是这些原来属于城市近郊的湖泊，大部分都跟随着城市发展成为城区的一部分，部分则因为种种原因变成了历史遗迹。古代城市近郊湖泊那种多元复合的、类似城市基础设施的功能，并未能很好地与当下的城市发展相结合。比如惠州西湖的尺度极大，然而为了保障已经作为国家级风景名胜区的惠州西湖的水体清洁，控制城市水体向惠州西湖排放。每当下暴雨的时候，惠州西湖所在的惠城区常有水浸现象，特别是惠州西湖沿湖的下角地区。

除此之外，根据《惠州西湖风景区管理条例（征求意见稿）》，在惠州西湖进行经营性养殖活动、垂钓、景区内摆卖商品等均被禁止。实际来看，这些活动在历史上都是很好的景观，明代惠州西湖八景亦还有丰湖渔唱的品题。作为国家级风景名胜区和湿地公园的肇庆（端州）星湖，亦有此类情况。

可食地景（Edible Landscaping）是当代风景园林的一个实践类别，旨在将城市中观赏性的植物替换成可供食用的植物。20世纪70年代发源于澳大利亚的朴门永续设计（Permaculture）系统，结合了"永续的"（Permanent）、"农耕"（Agriculture）与"文化"（culture）几个词的含义。它倡导依照自然界的规律去设计环境，希望打造出可持续的生活系统，这与可食地景的理念高度契合，也成为当代可食地景建造最重要的指导原则。可食地景在当代风景园林的实践中正受到越来越多的关注。如在2015年米兰世博会上，由赫佐格和德梅隆牵头规划设计的，以城市中的粮食种植和农业引入、生态引入为设计要旨的世博园区，得到了众多肯定。

这种基于生产的景观建构，源远流长，在古代州府园林的建设中随处可见，古人们还留有诗词。如何将古老的意象表达，在今天唤出新的实践，还需要继续研究。事实上，风景本身就应该有生态、生产、生活的多重功能，风景区建设是不是应该考虑把这些多重功能结合起来，而不仅仅是一个尺度被放大的观赏游园，是值得我们再思考的。

"广州水城计划"（图6-1-3）是广州源计划建筑设计事务所参加2012年威尼斯水共和展览作品。虽然这只是一个参展作品，但它从概念上表达了城市对于山水环境中水脉的重新认识。在这个"水城计划"里，源计划建筑设计事务所通过对广州古城中六脉渠与广州古城之间关系的再审视，通过对广州与威尼斯城市的历史、文脉和自然的研究，重新探讨广州新城市中心区——珠江新城区域水脉空间关系的可能性。广州城市中心区与珠江及其水系重新连接，让水系成为新活力和新发展的一个潜在连接点。

研究州府园林，就是要借鉴古人的智慧来认识山水与城市发展的关系。城市中大尺度山水园林的建设，实质上是城市发展中一项十分重要的配套风景基础设施，是城市生态功能一个十分重要的构成部分。

近年来，广东省佛山市在城市区域营造中，持续通过"城+湖"的空间发展方式，建设了大量宜居兴业的城市功能区，如千灯湖、文翰湖、听音湖、映月湖、里湖、博爱湖等。这样的营造策略从某种意义上来讲，实际就是当代州府园林的实践。

图6-1-3　广州水城计划，2012年威尼斯参展水共和展览作品
（来源：源计划建筑设计（O-office Architects）事务所）

　　千灯湖位于佛山市南海区桂城街道，所在区域是广东金融高新区。21世纪初，佛山开始建设千灯湖，由国际知名的SWA环境设计公司组织设计，千灯湖一期于2002年建成。在近二十年的不断建设中，千灯湖所在的广东金融高新区不断发展为佛山市金融高新产业较为聚集的城市中心区，吸引了大量优质企业汇聚于此办公。千灯湖的实践是佛山城市发展中一个十分突出的实例（图6-1-4）。除千灯湖外，位于南海区三山新城的文翰湖也是一个重要的例子。文翰湖所在的三山新城区域临近南站，是佛山联动粤港澳大湾区产业发展的前沿。文翰湖的建设，带动了周边季华实验室、香港城、澳门城、欢聚时代总部等一系列产业实体的发展，取得了良好的效果。

　　这种"城+湖"结合的建设形式，在近现代欧美的城市建设中亦不鲜见，典型如英国利物浦伯肯海德公园和美国纽约中央公园等。

图6-1-4 佛山千灯湖联动周边城市发展的"城+湖"模式

伯肯海德公园（Birkenhead Park）是世界园林史上的第一个城市公园。1843年，利物浦市政府用政府税收购买一块面积为74.9公顷的荒地，用以开发新的城市区域缓解当时利物浦城区内紧张的居住空间。其中，将50.6公顷土地用于伯肯海德公园的建设，围绕公园周边剩余的24.3公顷土地则被用于开发建设。从1843年利物浦伯肯海德公园的总平面可以看出（图6-1-5），围绕着伯肯海德公园的周边是大片的城市开发区域。在伯肯海德公园的中央，则拥有一个风景秀丽的湖泊，用以解决周边地区的排水问题。

这个模式被奥姆斯特德（Frederick Law Olmsted）所借鉴，在纽约的中央公园中得以实施。19世纪初期，纽约市政府拟准备开发曼哈顿中城区域。在早期1811年的委员规划图中，还未有纽约中央公园的规划（图6-1-6）。

1851年，社会各界逐渐形成共识，时任市长金斯兰德（Ambrose C. Kingsland）向市议会提交建造大型公园的提案，认为这可以为后代带来洁净的空气、纯洁和健康的快乐。

1858年，设计师卡尔弗特·沃克（Calvert Vaux）和奥姆斯特德在这次公园设计竞赛中获胜[①]。1877年，随着中央公园基本完工，公园理事会解聘了奥姆斯特德，纽约中央公园的建设至此大约持续了20年[②]。

---

① Brenwall, C. The Central Park: Original Designs for New York's Greatest Treasure [M]. New York: Harry N. Abrams, 2019.

② Slavicek, L. C. New York City's Central Park [M]. New York: Chelsea House Publishers, 2009: 90-91.

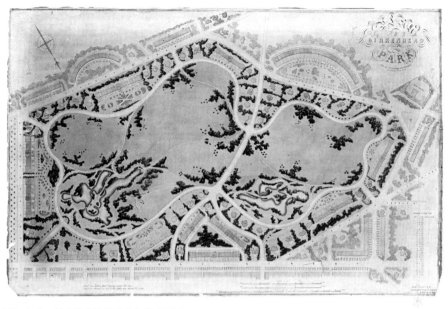

图6-1-5　1843年利物浦伯肯海德公园平面
（来源：网络）

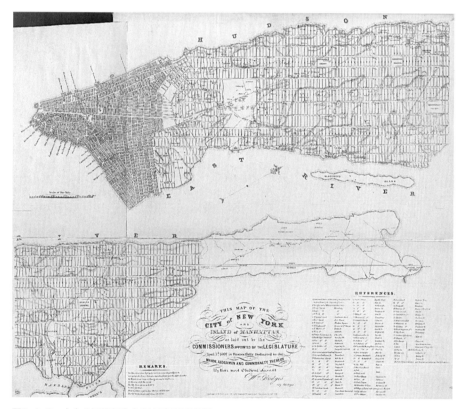

图6-1-6　中央公园的纽约市1811年委员规划
（来源：纽约公共图书馆）

从图6-1-7中可以看出中央公园的中部有个几个水库。中央公园的选址区域原有一个服务纽约市区的供水水库，由于人口快速增长、城市扩张，这个旧水库的库容已经无法为当时的纽约市供应足够的清洁饮用水。于是纽约市决定兴建一个规模更大的水库来解决城市发展的用水问题。在奥姆斯特德所设计的中央公园方案中，在中央公园地下一共埋了4根48英寸的管道用于连接城市的供水系统。新的供水水库和中央公园同步建设，这一片沼泽地就被转化成了新的城市供水水库（图6-1-8）。

奥姆斯特德将这些水库转化为公园的景观湖，将新的水库的形态设计得更加自然，而不是沿用旧水库的规则长方形，使其能够更好地融入公园的景观当中，并且精心考虑

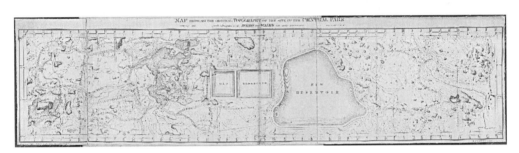

图6-1-7　中央公园地形和道路、步道图（1859年）
（来源：纽约公共图书馆）

图6-1-8　中央公园修建时铺设的清洁饮用水供水管
（来源：纽约公共图书馆）

图6-1-9　纽约中央公园景观湖的游船
（来源：纽约公共图书馆）

了如何规划设计围绕水库的步道和马车道的景观。针对正方形的旧水库，奥姆斯特德和沃克使用了大量基于自然形态石头和植被来柔和这个几何边界。在19世纪末，中央公园的景观湖成为纽约市民夏天消夏游玩、冬天滑冰的好去处（图6-1-9）。

　　中央公园的修建带动了周边区域的城市开发。至20世纪初期，围绕着中央公园周边区域的住区开发，服务了大量纽约市中产阶级。因此，通过"城+湖"的协同发展策略，营造风景优美、闲适宜人的公共空间，从而联动周边城市区域发展，亦是一个适应当代城市发展的模式。

第二节

公家园林：
有别于西方的"古典公共园林"

　　公共（或者说公共性）最早可以溯源到古希腊时期的城邦生活。而从目前西方园林发展史的研究来看，西方公共园林的产生和发展，实际上是"包括从圣林到竞技场、再到公共园林和后来的文人园，是一个循序渐进的历史过程"①。这也说明了西方古典时代的公共园林，其产生也是和城邦生活紧密相连的，如古希腊奥林匹亚祭祀场遗址中的园林绿化（图6-2-1），"早自古希腊时代起，野外生活、社交生活、体育活动就盛行不衰，其结果与今天的公园多少有点特殊的关系"②。

从古希腊城邦时代的奥林匹亚祭祀场，到19世纪开始西方广泛开展的城市公园建设运动，如英国伦敦的海德公园（图6-2-2）和美国纽约的中央公园等，其园林实践都是和所在城市的公共生活紧密相连的。园林是供人们休闲、游憩的空间，是社会生产的剩余，属于上层建筑的范畴。园林营造需要强大的经济实力。在古代，只有社会上层的皇室、贵族、领主、富商们才具备营造园林的经济实力。下层阶级要享用园林空间，就必须借助公共机构的力量。

马克思（Karl Heinrich Marx）指出，"随着城市的出现也就需要有行政机关、警察、赋税等，一句话，就是需要有公共的政治机构，也就是说需要一般政治……城市本身表明了人口、生产工具、资本、享乐和需求的集中"③。这说明了城市的产生对于"公共"提出了要求，进而促使作为"公共"的政治机构的产生。

另一个是宗教团体。汤因比（Arnold Toynbee）认为，公共空间最早的起源来自于宗教的需要④。在岭南州府园林的空间中，宗教修建的庙宇是十分常见的，儒、释、道三家的宗教建筑在一个空间交融共鸣，本身也说明了这个空间的公共属性。

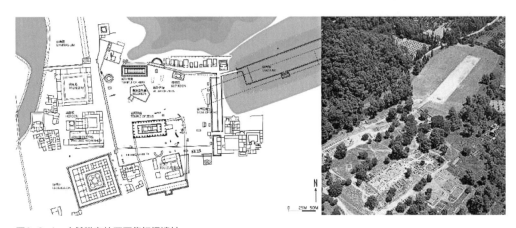

图6-2-1 古希腊奥林匹亚祭祀场遗址
（来源：引自联合国教科文组织遗产委员会网站）

① 王丹丹. 园林的公共性——西方社会背景下公共园林的发展 [J]. 建筑与文化, 2015（2）: 121-123.

② （日）针之谷钟吉. 西方造园变迁史——从伊甸园到天然公园 [M]. 邹洪灿, 译. 北京: 中国建筑工业出版社, 1991: 311.

③ （德）马克思. 德意志意识形态, 马克思恩格斯全集第三卷 [M]. 中央编译局, 译. 北京: 人民出版社, 2002（第二版）: 53.

④ Arnold Toynbee. Cities on the Move [M]. Oxford: Oxford University Press, 1970: 153.

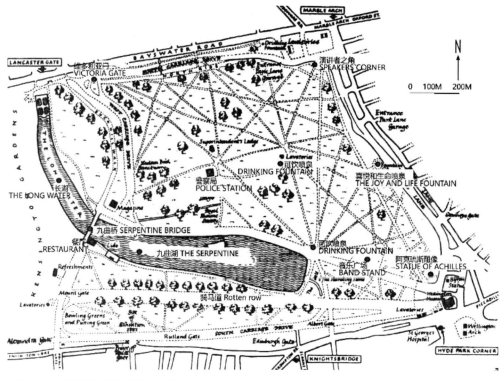

图6-2-2　19世纪英国伦敦海德公园平面
（来源：西方造园变迁：从伊甸园到天然公园）

　　虽然同西方的公共园林生成具有相似之处，均为伴随城市生活而生成，但是州府园林作为一种中国古代的"古典公共园林"（或者说公家园林），在西方同期的中世纪却并未生成。

　　中世纪的西方围绕着基督教内部、基督教与异教、基督教与世俗权力、世俗权力内部之间的相互倾轧和斗争，总体上处于战争频发的状态，城市建设往往和军事防御的需要结合起来，城市形态被要塞化或者城堡化。

　　毫无疑问，基督教在这个时期成为西方城市公共生活的主要内容，控制着当时的城市空间，"威斯敏斯特教堂、克莱弗克斯修道院、圣丹尼斯修道院、卡西诺山和富尔达山，都支配当时当地的城市生活，甚至包括城市的建筑样式，其所起的作用与当时修道院的数量很不成比例"[1]。

　　园林的营造有赖于稳定的社会环境和优越的经济实力。中世纪的西方，特别是第一次十字军东征前的中世纪早期（476～1066年），总体上并不具备一个相对稳定的社会环境。常年战争产生的大量开支消耗了领主和骑士阶层的经济实力，直至中世纪中后期（1066～1453年）才大量出现服务于世俗统治阶层的城堡园林。中世纪早期的基督教主

---

①（美）刘易斯·芒福德. 城市发展史——起源、演变和前景［M］. 宋俊岭，倪文彦，译. 北京：中国建筑工业出版社，2005：265.

张遵循奥古斯汀（Saint Aurelius Augustinus）以来的救世论和原罪论，强调人性的罪恶，这种罪恶来源于自身的欲望，禁欲节制才是赎罪的途径。宗教团体认识的园林营造是要从属于侍奉神的需要，从实际效果来看，更倾向于支持建造教堂前的广场。

同时，在中世纪中后期托马斯·阿奎那（Saint Thomas Aquinas）的自然法观念中，自然是神（上帝）创造的，是属于神（上帝）的范畴，人和神之间截然对立的分别，使在自然山水之间营造园林成为不可能的事情。自然（或者说客观世界）在中世纪西方古典经院神学中实际是被定义成一种神迹，正如圣经所描述的，上帝说要有光，便有了光。中世纪的西方受到托马斯·阿奎那自然法神学的影响，开始扩散神通过自然影响人的观点。在观念上，"希伯来人的创世教义显得十分独特，它使上帝和自然相分离，并且把人和自然区别开来"①。引申的是，"自然物"作为神迹与"人造物"需要被区分开来。而中世纪同期的唐宋中国，正不断地在古代州府城市近郊的山水中依托自然山水本底大规模地营造风景。严格来说，在严复的《天演论》之前，古代中国并没有西方意义上的自然（Nature）概念，西方的"Nature"还有对事物本质属性的追问。基于"自然"的不同认识所产生的不同方向的实践，最终塑造了东西方不同的古典园林形式。

在实施的技术层面，文艺复兴之前西方的城市建设也未孕育出类似于我国古代风水学说的建设思想。依托风水理论，中国古代在城市建设中，对城市及其周围的山水关系作出了具体安排，并通过成文或者不成文（习惯）的规章制度予以管理约束。这种创造性理解"城市和环境"关系的城市建设思想，在文艺复兴之前被基督教文化影响的西方城市建设中还未有十分鲜明的体现。

总体来看，这种在城市近郊山水进行风景园林营造并供给官民共赏的建设行为，从笔者目前掌握的资料来研判，在文艺复兴之前的西方还未曾见。

由于没有在自然山水中进行具体的风景园林营造，也就无从产生对自然山水的审美认知。从园林营造的审美上来看，此类基于自然山水格局来营造园林的审美认知，则更是要等到西方古典园林发展的后期才出现，"欧洲产生自然式园林，是在18世纪中叶受到中国自然山水派园林的巨大影响以后，才有后来由万能的布朗和莱普顿建立起来的'英国写实自然风景式园林'"②。

文艺复兴之后，这种认识逐步转化为自然神论（Deism）的认识。这种认识在当时的英国、法国有着很大的影响。在美国，还影响了托马斯·杰斐逊（Thomas Jefferson），在其起草的《独立宣言》中关于自然法和自然神的引用（The Laws of Nature and of Nature's God）。启蒙运动之后，"天赋人权"的概念被广泛接受，作为神迹的"自然物"才逐步世俗化融入公众生活中。自然式构图和几何式构图的园林实际折射了西方世界新旧两种制度和观念。

① 苏贤贵. 自然的世俗化与神圣化——生态时代的基督教 [J]. 基督宗教研究，2003：323-346.
② 孙筱祥. 艺术是中国文人园林的美学主题 [J]. 风景园林，2005（2）：22-25.

在这个认识演化中，"自然"开始成为与恶劣的"人造"城市空间相对应的概念。而几何式构图的园林作为一种明显的人造物，在这个认识过程中被扬弃了。肖蒙山公园的平面中，隐含着对对称花园所代表的旧制度的批判（图6-2-3）。肖蒙山公园反映了"休闲意识"（Leisure-conscious）的增加，从把公园当作象征性的目标转移到更包容性的和启迪教化的作用①。

奥姆斯特德所主导的纽约中央公园设计方案，十分强调对自然的模仿。奥姆斯特德指出，"公园表面的每一寸、每一棵树和灌木，与每一个拱、每一条道路和步道所在的位置都有意义"；沃克认为，"自然第一、第二和第三——然后再到建筑"。为了强调自然，奥姆斯特德和沃克将中央公园早期建设用于城市供水的方形水库视为一种人造物的侵扰，这有悖于他们以基于自然健康观念而形成的设计理念。于是使用了大量基于自然形态的石头和植被来柔和这个几何边界，把直线式岸线界面转化为柔和的自然式界面。同时，他们将新的水库形态设计得更加自然，而不是沿用旧水库的规则长方形，使其能够更好地融入公园景观，并且精心考虑了如何规划设计围绕水库的步道和马车道的景

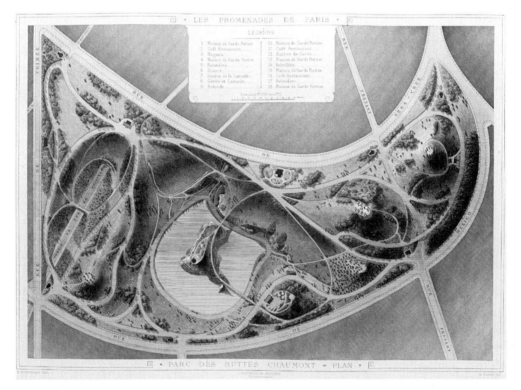

图6-2-3　肖蒙山公园平面图
（来源：网络）

① Strohmayer, U. Urban Design and Civic Spaces: Nature at the Parc des Buttes-Chaumont in Paris [J]. Cultural Geographies, 2006，13：557-576.

观①，从而获得了形式上的"自然"状态。奥姆斯特德的自然健康观念还针对精神健康，指出"人的眼睛不能总是看着城市人造物"，仅仅看到人造建筑物会导致"精神紧张、过分焦虑，产生急躁的性格，缺乏耐心，易怒"。

此时的西方公园建设中，亦出现了大量的东方元素（图6-2-4），东方的自然风景造园观念也影响着西方。

通过在城市公园中营造自然环境氛围从而促进人的健康发展，这是一个早期的，朴素的，基于自然主义哲学的认识。这个理念被当时的社会公众所广泛接受，在美国产生了以奥姆斯特德为代表的现代风景园林实践，而奥姆斯特德实际又是受到了英国公园建设的影响。

奥姆斯特德是将自然与健康进行联系最为坚定的支持者。在纽约中央公园之后，奥姆斯特德开始进行波士顿公园体系的建设，这个建设把自然中的河流、泥滩、荒草地等自然空间作为要素之一，通过多个公园共同串联起一个公园体系，实现了将自然延伸到城市中心区的目的。波士顿公园体系对城市公园体系的发展产生了深远的影响，如，1883年的双子城（Minneapolis，H. Cleveland）公园体系规划，并深刻影响了1900年的华盛顿城市规划、1903年的西雅图城市规划②。

与此同时，正是霍华德在英国开始进行"田园城市"理论的传播。田园城市理论，实际是将属于自然风景的田园和属于人工建设的城市相融合的一个认识。人工建设的城市出现了问题，反映的是人们应当向自然学习，城市空间应当融合自然，回归自然。霍华德和奥姆斯特德二者并不相识，然而殊途同归（图6-2-5）。

图6-2-4　伯肯海德公园和中央公园的东方元素
（来源：网络）

① Sol, D. City, Region, and in between: New York City's Water Supply and the Insights of Regional History [J]. Journal of Urban History, 2012，38（2）：294 - 318.

② 沈磊，赵国裕. 美国"绿廊"规划的世纪流变 [J]. 北京规划建设，2005（6）：161-165.

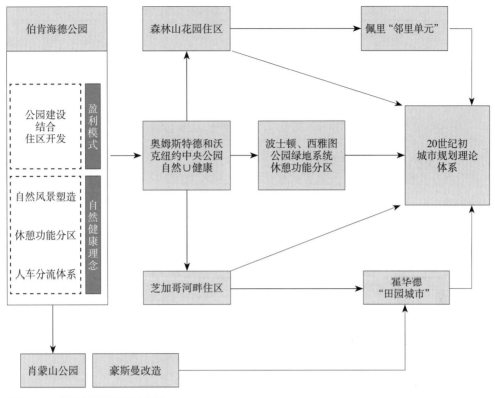

图6-2-5　自然健康理念的影响分析

从奥姆斯特德、霍华德等主要人物的观点联系和演化来看，19世纪西方社会中将自然环境和人的身心健康结合起来的观念，是触发西方城市公园运动的关键因素之一。这背后所折射的是西方自然观念的不断变化与西方自然风景式园林的发展。在现有的中英文文献中，并没有特别定义这个在19世纪时把自然和健康相联系的概念，本书研究中把这个自然和健康相联系的认识，特别定义为自然健康观念（The Concept of Health-by-Nature）。

这种对于城市近郊风景园林空间的营造和管治，在根本上和西方中古时期的古典园林不同，也正是这一原因，使古代中国人逐渐产生了对自然山水的审美认知，从而奠定了后世中国古典园林营造的文化母题——对山水的回应。而西方园林在文艺复兴之后逐步走向了更强调人的理性的几何式构图的园林营造，又在工业革命中后期转向了自然风景园林的营造，本质上也是对人（人造）和神（自然）关系的一个重新审视。

从岭南州府园林营建和管理实践来看，岭南州府的官员无疑是首要责任者和推动者。古代州府官员对于此类风景的营造是一个长期且持续的工作。以潮州西湖为例，根据笔者的不完全统计，自唐代开始，潮州的官员们就不间断地、历时性地持续参与西湖的营造（表6-2-1）。官员们直接参与营造建设，也确证了此类风景园林是处于州府当局的实际控制之下，是与私人事务截然不同的公共之事。

不完全统计的古代潮州官员参与西湖营建记载一览 表6-2-1

时期	姓名	风景营造	出处
唐	李皋，天宝年间贬为潮州刺史	营造李公亭	舆地纪胜
	李宿，贞元年间贬为潮州刺史	营造观稼亭	潮州府志
宋	王汉，大中祥符间知任潮州军州事	建城濬湖，西湖山立石刻诗	海阳县志
	鲍粹，元祐年间任潮州知州	重建李公亭，加建乘风亭、待月亭，留有诗作	永乐大典
	谢晏，潮州知州	在西湖山北建有熙春园，内有渐入佳境亭、醉客方归庵等	潮州西湖山志
	黄定，淳熙年间任潮州知府	访蒙泉遗址，并题诗刻石其上	潮州府志
	林嶤，庆元年间任潮州知州	在西湖建了放牛亭、湖平亭、倒景亭等，并在湖石上刻字以记，撰有《重辟西湖》诗	潮州西湖山志
	林会，开禧年间知任潮州	在西湖山石上题字：雁塔、平湖、蒙泉	潮州西湖山志
	林光世，宝祐年间知任潮州太守	大规模重浚西湖，使得潮州西湖重获新生，不仅恢复了园林风貌，更是与生产相结合，作有《浚湖铭》	潮州府志
明	徐一唯，万历年间任潮州知府	和郡人唐伯元一起在旧址重建了寿安寺，也游历了大部分的山峰洞，并在南岩石壁题诗	潮州府志
	曾化龙，天启年间任广东督学	湖山重辟南岩记	潮州西湖山石刻
	任可容，万历年间任潮惠道	首建尊经阁、养贤堂，广开教育之风，主持筑南堤至龙溪都许陇涵，作有《西湖禅院》诗	潮州西湖山石刻
清	林杭学，清初任潮州知府	疏通了北濠，创建修葺了西湖山的多处祠庙	潮州府志
	许龙章，乾隆年间任潮州知府	应山僧"慧照"的请求，重修了西湖山的多座寺庙，包括老君岩、吕仙洞、北帝庙、紫薇阁、望气台、积翠亭等	潮州府志
	范同知，乾隆年间任海阳知县	重辟西湖山南岩	潮州西湖山石刻

（资料来源：笔者综合整理）

　　明代肇庆府为两广总督府驻地，星湖在城外北面，府人称之为沥湖。湖中的七星岩在唐代就有人游玩行至，唐李邕题有《端州石室记》为七星岩最早的游记。古代岭南州府城市近郊风景中的湖田，有着大量的农业生产行为，一方面形成渔歌唱晚和观稼生长的农业景观，另一方面也为州府城市提供了必需的农业产品。为了对湖中农业生产和岩石山体的保护，明万历二十七年（1599年），时任两广总督戴凤岐在星湖七星岩中示禁，"泽梁无禁，岩石勿伐"（图6-2-6），并由副使李开芳书，刻于七星岩之上。

清道光二十九年（1849年），惠州府整治惠州西湖的一部分鹅湖，整治完成后，严令鹅湖周围居民，"邻池之民，毋涸水源，决石岸；毋弃秽于池"，强调"有一于此，罚无贷"，并建立了督察机制，授权由"钟楼道士率坊役督察之"。[①]

图6-2-6　戴凤岐题"泽梁无禁，岩石勿伐"石刻

这样的管理活动亦贯穿于整个古代州府城市的空间管治之中，从桂林碑海博物馆的一系列清代刻碑（图6-2-7）就可以看出，古代对于州府城市近郊的空间管治是十分严格的。

无论是明代两广最高长官的戴凤岐在七星岩上的题字，还是清代惠州府对惠州西湖的督查机制，关于桂林空间管治的刻碑告示，都充分说明了古代岭南州府城市的行政当局对于州府园林的管治是一项公共事务。

州府园林的营造实际上成了"政府官员对地方治理政治、文化、经济的综合性

图6-2-7　清代桂林一些关于空间管治的刻碑告示

---

① （民国）张友仁，编著，麦涛，点校；高国抗，修订. 惠州西湖志［M］. 广州：广东高等教育出版社，1989：87.

载体"①。从实际使用的情况来看，古代岭南州府园林的空间开放、多元、包容，并没有限制普通居民的使用，是一个供州府居民共享的空间。这种使用的广泛性，又扩充了它的空间文化内涵，使其逐步成为地方城市一个多元包容的文脉象征。

从历史来看，岭南州府园林的形成和产生与古代岭南州府城市发展紧密相连，在其发展过程中离不开州府当局的介入和支持，空间在使用上多元、包容、开放，具有一定的"公共性"特征，是一类古代的"古典公共园林"。从现行中国古典园林的分类来看，亦不妨称之为"公家园林"，作为皇家园林和私家园林的一个补充，同时用以区别现代意义的"公共园林"。

① 毛华松. 城市文明演变下的宋代公共园林研究 [D]. 重庆：重庆大学，2015.

第七章

结语与展望

岭南州府园林的历史演化与古代岭南州府城市在空间、文化、功能和营造上有密切的关系。在与岭南州府城市共同演化的过程中，州府园林形成了历时性、生态性、公共性三个主要特性。岭南州府园林是依托自然山水为本底进行的风景营造，其风景空间构成也呈现出一些特定的方式。

虽然距州府园林这个概念的产生已经过去了近四十年，但是当前，对于州府园林的研究进展还处在一个十分早的前期，许多核心的、基础的问题还待进一步深入探讨，本书亦只是进行了一些粗浅的工作。

一、岭南州府园林形成演化的历史框架

岭南州府园林的产生脱胎于岭南州府城市（城池）的建设，特别是水利建设，同时，岭南州府城市的发展也促进了岭南州府园林的营建。

首先，在空间上，岭南州府园林的尺度很大，所体现的是城池——环境的空间关系，因而与所在的州府城市（城池）组成了持续、稳定、共生的空间结构，其营建也呈现出系统而持久的特点，清陈恭尹的《西湖歌》中概括了惠州西湖和惠州城的关系，"惠州城西数百峰，峰峰水上生芙蓉。西湖之水曲若环，扁舟一支何时还。"

其次，在文化上，岭南州府园林深深根植于岭南州府城市发展的特定内涵之中，传承了岭南城市文脉，如桂林榕杉湖之于桂林文脉，惠州西湖之于惠州文脉，雷州西湖之于雷州文脉，潮州西湖之于潮州文脉等。

再次，在功能上，岭南州府园林是对岭南州府城市发展有重要作用的配套功能，除了城市风景和游览的功能，在城市供水、生态、生产、交通和防御上都起到了一定的作用。如惠州西湖为府治的居民提供了鱼虾之利，解决了饮水问题，亦是蓄洪抗旱的重要基础设施。

最后，在营建上，岭南州府园林的建设是倾州府之力，集合了古代州府城市的各种人力，是城市不可分割的一个部分。

因此，要十分明确地认识到，岭南州府园林形成演化的历史框架是和岭南州府城市发展的进程密切相关的。

二、岭南州府园林的三个主要特征

岭南州府园林的三个主要特征是历时演进的城市风景（历时性）、整体平衡的生态建构（生态性）、经世致用的公家园林（公共性）。

岭南州府园林是以历时演进为主要脉络的营造模式，是一个持续营造的过程。岭南州府园林的营建伴随着岭南州府城市的发展。虽然州府园林是依托自然山水为本底的自

然式风景园林营造，但其实质仍然是人参与天然山水的营造，进而形成风景园林空间的结果。这中间的建设过程，无法忽略掉人的主观作用。岭南州府园林风景营造的行为模式主要有四个：风景发现、风景建设、风景游乐、风景传颂。这四个行为模式不断迭代，推动着岭南州府园林历时演化。

古代州府城市近郊山水与城市（城池），在空间上相互影响，功能上相互渗透，是一个整体平衡的生态关系。

岭南州府园林的建设需要服从于城市防御、交通、农业灌溉和物质交换等城市生产、生活的需要，本质是一种公共产品。由于贴近民生，服务于整个州府城市，岭南州府园林的营造有着广泛的公众参与和投入。

儒、释、道三家在岭南州府园林进行活动，大大丰富了岭南州府园林的空间形态，共同形成了州府园林中儒、释、道多元包容的文化空间。

岭南州府园林的营造实践伴随着古代岭南城市社会的不断变迁，周而复始地服务着州府城市及其居民，是具有古典时期公共性特征的公共园林。

三、岭南州府园林风景营造的特定方式

岭南州府园林风景空间的构成主体是州府城市近郊山水。在长期的历史演化中，州府园林形成了一些具有自身特点的风景营造方式。

山水是构成岭南州府园林空间的主体，由山体和水域共同形成的旷如空间和奥如空间，二者相互交替嵌套，空间变化多样，形成了良好的风景效果。州府园林的营建过程中，往往因地制宜地利用现状自然山水条件，通过岸汀、洲岛、堤桥、亭（建筑）等多个风景要素来组织景观，形成了"汀、岛、桥、亭"的营造范式。由于时序变化，岭南州府园林内的景物呈现出鲜明的物相变化，对这些因为物相变化产生的景致进行捕捉，构成了一年四季不同的游览主题。

岭南州府园林中营造了类型繁多的建筑，一方面完善了景观空间格局，另一方面提供了使用功能，从而创造了优良的观景、用景的建筑空间。岭南气候湿润，植物生长迅速，四季繁花，历史上记载的岭南州府园林植物众多，本书仅对其进行了初步的分类。在州府园林中风景品题的现象十分普遍，品题的背后蕴含着十分丰富的历史人文内涵，成为岭南州府园林文化营造的重要组成。

依托自身旷奥交替的风景空间，通过良好的组织，运用"汀、岛、桥、亭"的营造方式，形成了丰富的景观层次。针对四季时序变化的景致捕捉，形成了一年四季各有特色的游览主题。大量风景建筑的存在、植物的营造、风景品题的文化内容，都对州府园林的发展起到了重要的作用。

四、当前研究的不足与继续推动研究的展望

岭南地区地形地貌丰富，降水充沛，城市近郊往往河流密布，山水明秀，十分适合岭南州府园林的生成。目前来看，岭南州府园林的现存实例主要有惠州西湖、潮州西湖、雷州西湖、端州星湖七星岩、桂林城湖、南宁南湖等。虽然长期以来，针对这些城市风景湖泊的研究都在持续进行，但是总体而言，对于岭南州府园林的研究还不够深入，主要体现在以下几点：

首先，对于现存的岭南州府园林的史料挖掘整理还不够系统，无法完整地呈现这些岭南州府园林的历史形成过程和园林特色，如广州以药洲仙湖（西湖）为主体的岭南州府园林空间，由于历史变迁，药洲目前仅剩遗址，作为古代广州发展历史的重要部分，其历史发展、空间形态、园林特色等方面仍值得继续发掘。

现今越南的河内西湖，其营建同岭南州府园林有值得比较之处，但是囿于本研究所定义的空间范围，故未将其纳入本书的研究范畴[1]。

越南在唐朝时为岭南的一部分——交州，宋太宗册封交趾郡王，南宋淳熙元年（1174年）交趾李朝遣使入贡，孝宗又册为"安南"，为南宋的藩属国。宋大中祥符三年，李公蕴一统越南，即从华闾迁都大罗城。大罗城始建于唐代，原为安南都护府所在，并改名为升龙。李公蕴在《迁都诏书》中提到："况高王故都大罗城，宅天地，区域之中，得龙盘虎踞之势，正南北东西之位"[2]，可见大罗城的风水形势是一个典型的山环水抱平原地区。

越南河内西湖又称霪潭湖、金牛湖（杭州西湖以前亦称之为金牛湖），霪潭之意取湖上云雾缭绕。传为越南李朝（1009~1225年）高僧阮明空因治愈宋皇子有功，宋皇恩赐阮明空进库选宝，阮明空于是用法术将库内黑铜运回越南铸钟鼎，引得一只金牛四处寻此钟，最后到升龙城脚踏成湖。由于湖在城西，15世纪左右被命名为西湖，"1657~1682年越南西山王朝阮祚王时，由于忌讳西王名号，因而改为兑湖（Đoái Hồ），'兑'是越南语'đoái'的汉越对应词，'đoái'在越南语中的意思是西面"[3]。另一方面，在汉语中，兑是八卦中的一个卦象，本意其实也是也是西，兑为泽，还有湖泊的意思。

古代越南的文人们叹咏杭州西湖的诗句亦十分之多，从这些诗句来看，他们对于西湖的理解同古代中国的文人大抵是相同的。如今的河内西湖是河内市最宽广的湖，还留

---

① 唐高宗在交州4安南都护府，辖12州59个县，交州改称安南。866年，高骈在安南地区修建大罗城，据说高骈修城之时，曾见一位到龙杜的神仙，故又名龙杜，即今河内。968年，丁部领自立为王，取国号为"大瞿越"，1010年，李公蕴建立越南李朝，迁都大罗城。至少在唐代，安南地区（原交州地区）是在唐代中央政府的管辖之下。

② （越）吴士连，编纂；黎僖，增补．（日）引田利章，校注．大越史记全书［G］．（美）波士顿：哈佛大学汉和图书馆馆藏（日）埴山堂本，1884：卷2.

③ 黄秋莲．越南河内地名研究［D］．南京：广西民族大学，2013：19.

有许多的历史遗迹，"例如：疑蚕村、日新村、西湖府、惯圣庙宇、朔庙宇、金莲庙、竹白湖等等"①，府是越南传统信仰中，"供奉柳杏母神即上天母神的化身的寺庙……如西湖府"②。

第二，对于历史上曾经存在的岭南州府园林，如连州海阳湖等的研究目前还并不深入，除此之外，大量岭南文献所记载的岭南州府园林的留存仍有待挖掘。如位于广西贵港市的贵港东湖，据传"由苏东坡题刻而得名"③，目前对其历史演化的研究十分有限。

宋《舆地纪胜》卷119中所记载的钦州五湖，"五湖，州城外有东湖、西湖、南湖、北湖、中湖并，嘉祐八年置"，在嘉靖《钦州志》、雍正《广西通志》中都有记载，钦州五湖是经由城壕演变而来的五湖。

宋仁宗嘉祐七年（1062年）至宋英宗治平二年（1065年），陶弼在钦州任知州，从舆地纪胜的记载来看，此五湖应该为陶弼所辟。"陶弼在钦州期间，留下了更多政绩和诗歌。据《明一统志》卷八十二记载，'陶弼仁宗时知钦州，重葺旧城，濬治壕堑，郡治愈固，政暇吟咏甚富'"④。

现今可考陶弼关于叹咏五湖景致及其园林建筑的有，《天涯亭》《三山亭（三首）》《登潮月亭》《直钩亭》《五湖亭》《上巳日会饮南涧亭》《野香亭》《使光亭》《潮月亭》《茶溪亭》《桂风亭》《南湖》《北湖》《东湖》《西湖》《中湖》等。从陶弼诗作及后世传记中可以得知，钦州的州府园林营造在宋代是十分兴盛的，其本人也深度参与了钦州五湖的营造。然而此五湖如何演变，对城市具有何种功能，囿于资料所限和缺少实物，还亟待深入研究。

宋代《太平御览》中引南唐徐锴《方舆记》记载，汉代合浦郡即有铜船湖，"《方舆记》曰：铜船湖，马援铸铜船五只，一留此湖中，四只将过海征林邑。"⑤清顾祖禹《读史方舆纪要》中记载，"铜船湖，在废石康县治东登高山下，俗传马援尝铸铜船于此。"⑥铜船湖现已湮灭，但是合浦郡在唐代以前是极为重要的贸易港口，汉代岭南丝绸之路的始发港，贸易往来十分频繁，城市建设应该较成体系，是否有此类"城市—湖泊"系统的早期营建，值得关注。

第三，古代州府园林的营治是一个持续的过程。如贵港东湖传说于明代由沈希仪垒石置湖，徐霞客路过贵港，亦曾记东湖⑦。又如海南海口的琼州西湖，在西湖边建有西湖娘娘庙，旧曾为琼州八景。清代蓝鼎元游端州星湖七星岩时，曾指出端州星湖七星岩的景色较武夷山水、杭州西湖更有特色，但是不足的在于冬天常会干涸，江渍野人则认

---

① 阮文欣. 越南河内旅游发展战略研究［D］. 桂林：广西师范大学，2013.

② KIEU THI VAN ANH（乔氏云英）. 越南北方佛教女性神研究［D］. 北京：中央民族大学，2010.

③ 刘艺. 贵港东湖整治：投入一亿元 幸福一座城［N］. 广西日报，2010-12-02（005）.

④ 覃红双. 北宋陶弼研究［D］. 桂林：广西师范大学，2011.

⑤ （宋）李昉，等. 太平御览［G］. 北京：国家图书馆馆藏本：地部，卷31，湖40，会稽记.

⑥ （清）顾祖禹. 读史方舆纪要［G］. 北京：国家图书馆馆藏本：卷140，广东5.

⑦ 杨旭乐. 从历史街区看贵港沧桑［J］. 当代广西，2014，（9）：54-55.

为，可以通过人为的改造来实现对于水体的控制，同时实现风景化改造。^①

端州星湖七星岩的建设从唐代开始，到清代是一个十分复杂的演化过程，这个进程中的变化还值得我们深入研究。

第四，岭南州府园林和岭南州府城市的发展是一个相伴相生的关系。现有针对岭南城市史的研究中，对于古代岭南州府城市的建成区，也就是城池建设的着墨较多。岭南州府园林处于城市近郊，是古代城市建设与运行的自然本底，如何将岭南州府园林与州府城市的相互关系结合起来研究，值得期待。

岭南州府园林的形成与城乡水利建设的关系密切，岭南州府园林为州府城市提供了一个具有缓冲作用的调蓄区域，促进了州府经济繁荣、人口增长。同时也一直出现与湖争地的现象，州府城市是如何对这个区域实施管理和维护的，还待深入研究。

进入现代社会发展以来，我国城市的发展日新月异，州府园林原有的湖面不断被蚕食，功能也逐渐演化为纯粹的城市风景功能。岭南州府园林在当代是否存在其新的生态和环境意义，其对于城市的生态、生产、生活的意义如何演化，如何赋予其新的时代内涵，更值得思考。

① （清）蓝鼎元. 鹿洲初集［A］//纪昀，等. 钦定四库全书［G］. 北京：国家图书馆馆藏本：卷10.

参考文献

一、古籍

[1] （汉）司马迁. 史记[M]. 北京：中华书局，1982.

[2] （曹魏）管辂，著；许颐平，主编；程子和，点校. 图解管氏地理指蒙（上、下册）[M]. 北京：华龄出版社，2009.

[3] （晋）陈寿，撰；（南朝宋）裴松之，注. 三国志[G]. 北京：国家图书馆馆藏本.

[4] （晋）葛洪. 西京杂记[G]. 北京：国家图书馆馆藏本.

[5] （北魏）郦道元. 水经注[G]. 北京：国家图书馆馆藏本.

[6] （北魏）贾思勰，著；缪启愉，缪桂龙，译注. 齐民要术[M]. 上海：上海古籍出版社，2009.

[7] （北齐）魏收. 魏书[G]. 北京：国家图书馆馆藏本.

[8] （唐）刘恂；鲁迅，杨伟群，点校. 历代岭南笔记八种[M]. 广州：广东人民出版社，2011.

[9] （唐）柳宗元，撰；尹占华，韩文奇，校注. 柳宗元集校注[M]. 北京：中华书局，2013.

[10] （唐）李吉甫，等. 元和郡县图志[G]. 北京：国家图书馆馆藏本.

[11] （唐）皇甫枚. 三水小牍[A]. 唐五代笔记小说大观[M]. 上海：上海古籍出版社，2000.

[12] （唐）莫休符. 桂林风土记[G]. 北京：国家图书馆馆藏本.

[13] （唐）魏征，等. 隋书[G]. 北京：国家图书馆馆藏本.

[14] （唐）杜佑. 通典[G]. 北京：国家图书馆馆藏本.

[15] （唐）长孙无忌，等. 唐律疏议[G]. 北京：国家图书馆馆藏本.

[16] （后晋）刘昫，等. 旧唐书[G]. 北京：国家图书馆馆藏本.

[17] （宋）杜绾. 云林石谱[G]. 北京：国家图书馆馆藏本.

[18] （宋）洪适. 盘洲文集[G]. 北京：国家图书馆馆藏本.

[19] （宋）朱彧. 萍州可谈[G]. 北京：国家图书馆馆藏本.

[20] （宋）祝穆. 方舆胜览[G]. 北京：国家图书馆馆藏本.

[21] （宋）沈括. 梦溪笔谈[G]. 北京：国家图书馆馆藏本.

[22] （宋）杨万里. 诚斋集[G]. 北京：国家图书馆馆藏本.

[23] （宋）苏辙. 栾城集[G]. 北京：国家图书馆馆藏本.

[24]（宋）范成大. 桂海虞衡志[G]. 北京：国家图书馆馆藏本.

[25]（宋）李昉，等. 太平御览[G]. 北京：国家图书馆馆藏本.

[26]（宋）陶弼. 邕州小集[G]. 北京：国家图书馆馆藏本.

[27]（宋）欧阳修，宋祁. 新唐书[M]. 北京：中华书局，1975.

[28]（宋）王象之，撰；李勇先，点校. 舆地纪胜[M]. 成都：四川大学出版，2005.

[29]（宋）徐铉着. 徐文公集[M]. 北京：商务印书馆，1912.

[30]（宋）孙光宪. 北梦琐言[G]. 北京：国家图书馆馆藏本.

[31]（宋）乐史. 太平寰宇记[G]. 北京：国家图书馆馆藏本.

[32]（宋）刘攽. 彭城集[G]. 北京：国家图书馆馆藏本.

[33]（宋）谢深甫，等. 庆元条法事类[G]. 北京：燕京大学图书馆馆藏本. 民国三十七年刊行影印本.

[34]（宋）苏轼. 苏轼集[A]//纪昀，等. 钦定四库全书[G]. 北京：国家图书馆馆藏本.

[35]（宋）欧阳修. 文忠集[A]//纪昀，等. 钦定四库全书[G]. 北京：国家图书馆馆藏本.

[36]（宋）文天祥. 文山集[A]//纪昀，等. 钦定四库全书[G]. 北京：国家图书馆馆藏本.

[37]（宋）郭熙. 林泉高致[M]. 南京：江苏文艺出版社，2015.

[38]（宋）陈骙，京镗，等，纂修；（清）徐松，辑. 会要[G]. 北京：国家图书馆馆藏本.

[39]（宋）邵伯温. 邵氏闻见录[G]. 北京：国家图书馆馆藏本.

[40]（宋）司马光. 资治通鉴[M]. 北京：中华书局，1956.

[41]（宋）周去非. 岭外代答[A]//纪昀，等. 钦定四库全书[G]. 北京：国家图书馆馆藏本.

[42]（宋）朱熹. 御纂朱子全书[A]//纪昀，等. 钦定四库全书[G]. 北京：国家图书馆馆藏本.

[43]（宋）郑侠. 西塘集[A]//纪昀，等. 钦定四库全书[G]. 北京：国家图书馆馆藏本.

[44]（元）脱脱，等. 宋史点校本[M]. 北京：中华书局，1977.

[45]（明）李贤，等. 大明一统志[G]. 北京：国家图书馆馆藏本.

[46]（明）解缙. 永乐大典[G]. 北京：国家图书馆馆藏本：卷857，卷2263，卷5343，卷2264，卷5345，卷11960.

[47]（明）释德清. 憨山老人梦游集[M]. 北京：北京图书馆出版社，2005.

[48]（明）李濂. 汴京遗迹志[G]. 北京：国家图书馆馆藏本.

[49]（明）宋应星，著；潘吉星，译著. 天工开物[M]. 上海：上海古籍出版社，2008.

[50]（明）欧阳保，等. 万历雷州府志[M]. 湛江：湛江师范学院图书馆馆藏本.

[51]（明）张鸣凤. 桂胜[A]//纪昀，等. 钦定四库全书[G]. 北京：国家图书馆馆藏本.

[52]（明）计成. 园冶注释[M]. 北京：中国建筑工业出版社，1988.

[53]（明）王临亨. 粤剑编[G]. 北京：国家图书馆馆藏本.

[54]（明）彭大翼. 山堂肆考[G]. 北京：国家图书馆馆藏本.

[55]（明）田汝成. 西湖游览志余[G]. 北京：国家图书馆馆藏本.

[56]（明）黄宗羲. 明文海[A]//纪昀，等. 钦定四库全书[G]. 北京：国家图书馆馆藏本.

[57]（明）叶春及. 石洞集[A]//纪昀，等. 钦定四库全书[G]. 北京：国家图书馆馆藏本.

[58]（明）郑维新. 惠大记卷5，贡略上，嘉靖七年（1528）刻本[A]//广东省地方史志办公室. 广东历代方志集成·惠州部一[M]. 广州：岭南美术出版社，2009.

[59]（明）王世贞. 弇州山人四部稿[G]. 北京：国家图书馆馆藏本.

[60]（明）汪砢玉. 珊瑚网[G]. 北京：国家图书馆馆藏本.

[61]（明）马臻，西湖寻梦[G]. 北京：国家图书馆馆藏本.

[62]（明）黄仲昭. 八闽通志[G]. 北京：国家图书馆馆藏本.

[63]（清）檀萃；鲁迅，杨伟群，点校. 历代岭南笔记八种[M]. 广州：广东人民出版社，2011.

[64]（清）屈大均. 广东新语[G]. 北京：国家图书馆馆藏本.

[65]（清）翁方纲，著；欧广勇，伍庆禄，补注. 粤东金石略补注[M]. 广州：广东人民出版社，2012.

[66]（清）郝玉麟，鲁曾煜，等，编纂；陈晓玉，梁笑玲，整理. 广东通志[G]. 广州：广东省立中山图书馆藏本.

[67]（清）董诰，等. 全唐文[G]. 北京：国家图书馆馆藏本.

[68]（清）蒋廷锡，王安国，等. 大清一统志[G]. 北京：国家图书馆馆藏本.

[69]（清）曹寅，彭定求，等. 全唐诗[G]. 北京：国家图书馆馆藏本.

[70]（清）顾祖禹. 读史方舆纪要[G]. 北京：国家图书馆馆藏本.

[71]（清）厉鹗. 宋诗纪事[M]. 上海：上海古籍出版社，2008.

[72]（清）汪森，辑；黄振中，吴中任，梁超然，校注. 粤西丛载[M]. 南宁：广西民族出版社，2007.

[73]（清）汪森，辑；黄盛陆，石恒昌，等，整理. 粤西文载[M]. 南宁：广西人民出版社，1990.

[74]（清）汪森，辑；桂苑书林编辑委员会. 粤西诗载校注[M]. 南宁：广西人民出版社，1988.

[75]（清）李调元. 南越笔记[M]. 北京：中华书局，1985.

[76]（清）纪昀，等. 钦定四库全书[G]. 北京：国家图书馆馆藏本.

[77]（清）陈梦雷，编纂；蒋廷锡，校订. 古今图书集成[G]. 北京：国家图书馆馆藏本.

[78]（清）徐世昌. 晚晴簃诗汇[M]. 北京：中华书局，1990.

[79]（清）齐召南. 水道提纲[A]//纪昀，等. 钦定四库全书[G]. 北京：国家图书馆馆藏本.

[80]（清）吴征鳌，黄泌，曹驯. 临桂县志[G]. 桂林：桂林市档案馆馆藏本.

[81]（清）胡虔，等. 临桂县志[G]. 桂林档案馆馆藏本.

[82]（清）贺长龄. 皇朝经世文编[G]. 上海：上海广百宋斋校印本，1826.

[83]（清）苏士俊，何鲲，编撰；林小静，南宁古籍文献丛书编纂委员会，整理. 南宁府志[M]. 南宁：广西人民出版社，2008.

[84]（清）蓝鼎元. 鹿洲初集[A]. 纪昀，等. 钦定四库全书[G]. 北京：国家图书馆馆藏本.

[85]（清）查慎行. 苏诗补注[G]. 北京：国家图书馆馆藏本.

[86]（清）盛康. 皇朝经世文续编[G]. 武进：思补楼刻本，1897.

[87]（清）卢蔚猷，修；吴道榕，纂. 海阳县志[G]. 台北：成文出版，1967.

[88]（清）郑俊，等. 海康县志[G]. 广州：广东省立图书馆馆藏本.

[89]（清）吴盛藻. 雷州府志[G]. 北京：国家图书馆馆藏本.

[90]（清）吴琦. 林惠堂文集[G]. 哀白堂刻本，1774.

[91] （清）吴绮. 岭南风物记[A]. 纪昀，等. 钦定四库全书[G]. 北京：国家图书馆馆藏本.

[92] （清）杜臻. 粤闽巡视纪略[G]. 北京：国家图书馆馆藏本.

[93] （清）施闰章. 学馀堂诗集[A]. 纪昀，等. 钦定四库全书[G]. 北京：国家图书馆馆藏本.

[94] （清）翁方纲. 石洲诗话[M]. 台北：台湾广文出版社，1971.

[95] （清）何绍基. 东洲草堂文钞[G]. 台北：台湾图书馆手稿影印本.

[96] （清）徐旭旦. 惠州西湖志[M]. 广州：广东人民出版社，2015.

二、著作

[1] （民国）饶锷. 潮州西湖山志[M]. 不详：文海出版社，1924.

[2] （民国）张友仁，编著；麦涛，点校；高国抗，修订. 惠州西湖志[M]. 广州：广东高等教育出版社，1989.

[3] （民国）张友仁，编著；吴定球，校补. 惠州西湖志[M]. 广州：广东人民出版社，2016.

[4] 王育民. 中国历史地理概论[M]. 北京：人民教育出版社，1987.

[5] 金学智. 中国园林美学[M]. 南京：江苏文艺出版社，1990.

[6] 张十庆. 《作庭记》译注与研究[M]. 天津：天津大学出版社，1993.

[7] 夏铸九. 公共空间[M]. 台北：艺术家出版社，1994.

[8] 黄佛颐. 广州城坊志. [M]. 广州：广东人民出版社，1994.

[9] 谭其骧. 中国历史地图集（隋唐五代十国时期）[M]. 北京：中国地图出版社，1996.

[10] 李勤德，刘汉东. 岭南文化论[M]. 天津：天津古籍出版社，1996.

[11] 程民生. 宋代地域文化[M]. 郑州：河南大学出版社，1997.

[12] 何宁. 淮南子集释[M]. 北京：中华书局，1998.

[13] 俞孔坚. 理想景观探源——风水的文化意义[M]. 北京：商务印书馆，1998.

[14] 朱瑞熙，等. 辽宋西夏金社会生活史[M]. 北京：中国社会科学出版社，1998.

[15] 陈泽泓. 岭南建筑志[M]. 广州：广东人民出版社. 1999.

[16] 王柳德. 广西通志[M]. 南宁：广西人民出版社，2013.

[17] 阳国亮，黄伟林. 多维视角中的旅游文化与发展战略[M]. 北京：中国旅游出版社，2001.

[18] 傅熹年. 中国古代建筑十论[M]. 上海：复旦大学出版社，2004.

[19] 刘天华. 画境文心：中国古典园林之美[M]. 北京：生活·读书·新知三联书店，2008.

[20] 朱勇. 中国法制史（第三版）[M]. 北京：法律出版社，2016.

[21] 周维权. 中国古典园林史[M]. 北京：清华大学出版社，2008.

[22] 吴庆洲. 中国古城防洪研究[M]. 北京：中国建筑工业出版社，2009.

[23] 黎杰. 星岩今志[M]. 肇庆市图书馆馆藏本，1936.

[24] 刘管平. 岭南园林[M]. 广州：华南理工大学出版社，2013.

[25] 陆元鼎. 岭南人文·性格·建筑[M]. 第二版. 北京：中国建筑工业出版社，2015.

[26] 刘敦桢. 苏州古典园林（修订版）[M]. 北京：中国建筑工业出版社，2005.

[27] 汪菊渊. 中国古代园林史[M]. 北京：中国建筑工业出版社，2006.

[28] 张家骥. 中国造园史[M]. 哈尔滨：黑龙江人民出版社，1987.

[29] 陈植. 中国造园史[M]. 北京：中国建筑工业出版社，2006.

[30] 方志钦，蒋祖缘. 广东通史 古代 上[M]. 广州：广东高等教育出版社，1996.

[31] 方志钦，蒋祖缘. 广东通史 古代 下[M]. 广州：广东高等教育出版社，2007.

[32] 高旭红. 药洲石刻[M]. 广州：广东人民出版社，2016.

[33] 王云才. 景观生态规划原理[M]. 北京：中国建筑工业出版社，2007.

[34] 鲁西奇. 中国历史的空间结构[M]. 桂林：广西师范大学出版社，2014.

[35] 广东历史地图集编辑委员会. 广东历史地图集[M]. 广州：广东省地图出版社，1995.

[36] 曾昭璇，谭德隆. 星湖[M]. 广州：广东人民出版社，1977.

[37] 陆琦. 岭南造园与审美[M]. 北京：中国建筑工业出版社，2015.

[38] 陆琦. 岭南园林艺术[M]. 北京：中国建筑工业出版社，2004.

[39] 刘滨谊. 自然原始景观与旅游规划设计[M]. 南京：东南大学出版社，2002.

[40] 梁瑞. 唐代流贬官研究[M]. 郑州：中州古籍出版社，2015.

[41] 高其才. 中国习惯法论[M]. 长沙：湖南出版社，1995.

[42] 王其亨. 风水理论研究[M]. 天津大学出版社，1992.

[43] 夏昌世. 园林述要[M]. 广州：华南理工大学出版社，1995.

[44] 孙机. 中国古代物质文化[M]. 北京：中华书局，2014.

[45] 周心慧. 中国古版画通史[M]. 北京：学苑出版社，2000.

[46] 傅惜华. 中国古典文学版画选集（上下卷）[M]. 上海：上海人民美术出版社，1981.

[47] 周芜. 金陵古版画[M]. 南京：江苏美术出版社，1993.

[48] 刘平. 易经图解[M]. 北京：文化艺术出版社，1991.

三、学位论文

[1] 肖毅强. 岭南园林发展研究[D]. 广州：华南理工大学，1992.

[2] 余蔚. 宋代地方行政制度研究[D]. 上海：复旦大学，2004.

[3] 杨柳. 风水思想与古代山水城市营建研究[D]. 重庆：重庆大学，2005.

[4] 牟荻. 肇庆市城市滨水区城市设计研究[D]. 西安：西安建筑科技大学，2006.

[5] 陈芬芳. 中国古典园林研究文献分析[D]. 天津：天津大学，2007.

[6] 许晓娣. 中国古典自然山水园与山水诗之关联浅析[D]. 武汉：华中农业大学，2008.

[7] 王芹. 李峤及其诗歌初探[D]. 济南：山东师范大学，2009.

[8] 王玉成. 唐代旅游研究[D]. 保定：河北大学，2009.

[9] 孙易. 广州近代公园建设与发展研究[D]. 广州：华南理工大学，2010.

[10] 陈小凡. 潮州古城发展演变及保护研究[D]. 广州：华南理工大学，2010.

[11] 钟乃元. 唐宋粤西地域文化与诗歌研究[D]. 桂林：广西师范大学，2010.

[12] KIEU THI VAN ANH（乔氏云英）. 越南北方佛教女性神研究[D]. 北京：中央民族大学，2010.

[13] 罗华莉. 中国古代公共园林故事性研究[D]. 北京：北京林业大学，2011.

[14] 邹巧燕. 桂林石刻诗歌研究[D]. 桂林：广西师范大学，2011.

[15] 李珏. 山水城市空间形态分区控制方法研究[D]. 广州：华南理工大学，2012.

[16] 梁仕然. 广东惠州西湖风景名胜区理法研究[D]. 北京：北京林业大学，2012.

[17] 傅志前. 从山水到园林——谢灵运山水园林美学研究[D]. 济南：山东大学，2012.

[18] 鲍沁星. 杭州自南宋以来的园林传统理法研究[D]. 北京：北京林业大学，2012

[19] 周慧敏. 唐代岭南节度使研究[D]. 南京：南京大学，2013.

[20] 廖睿. 基于湖山范式的城市风景公园规划研究[D]. 重庆：重庆大学，2013.

[21] 黄秋莲. 越南河内地名研究[D]. 南京：广西民族大学，2013.

[22] 阮文欣. 越南河内旅游发展战略研究[D]. 桂林：广西师范大学，2013.

[23] 张明山. 明代农具设计研究[D]. 南京：南京艺术学院，2014.

[24] 卢青青. 潮州西湖造园历史与特色研究[D]. 广州：华南理工大学，2015.

[25] 梁林. 基于可持续发展观的雷州半岛乡村传统聚落人居环境研究[D]. 广州：华南理工大学，2015.

[26] 韦雨涓. 中国古典园林文献研究[D]. 济南：山东大学，2015.

[27] 毛华松. 城市文明演变下的宋代公共园林研究[D]. 重庆：重庆大学，2015.

[28] 张媛. 广东肇庆山水城市绿地景观格局分析及发展研究[D]. 北京：北京林业大学，2016.

[29] 覃红双. 北宋陶弼研究[D]. 桂林：广西师范大学，2011.

[30] 张志迎. 明清惠州城市形态的初步研究（1368-1911）[D]. 广州：暨南大学，2012.

四、会议、报纸、期刊

[1] 刘管平，孟丹. 我国三大传统景园之比较[A]//中国文物学会传统建筑园林委员会. 中国文物学会传统建筑园林委员会第十三届学术研讨会会议文件（二）[C]. 中国文物学会传统建筑园林委员会，2000：8.

[2] 张文英，邓碧芳，肖大威. 试论岭南文化与岭南园林的共生[J]. 古建园林技术，2009（2）：19-23.

[3] 李敏. 论岭南造园艺术[J]. 广东园林，1993（3）：2-8.

[4] 范建红，陈烈，张勇，等. 岭南园林发展变迁的地理透视[J]. 热带地理，2006（1）：86-90.

[5] 严耕望. 唐蓝田武关道驿程考[A]. 中央研究院历史语言研究所集刊（第39本下册），1969.

[6] 廖幼华. 唐宋时期邕州入交三道[J]. 中国历史地理论丛，2008，（1）：53-65.

[7] 蔡良军. 唐宋岭南联系内地交通线路的变迁与该地区经济重心的转移[J]. 中国社会经济史研究，1992（3）：33-42.

[8] 赖琼. 唐至明清时期雷州城市历史地理初探[J]. 湛江师范学院学报，2004（4）：72-76.

[9] 任渝燕. 唐代岭南地区的生存环境[J]. 文学界（理论版），2011（3）：135，153.

[10] 谢启森. 肇庆古城探源[J]. 广东史志，1994（4）：55-57.

[11] 韦晓. 广西古代城池的出现与发展略述[J]. 广西地方志，2010，（3）：39-43.

[12] 侯艳. 岭南意象视角下唐宋贬谪诗的归情[J]. 广西社会科学，2013（5）：150-154.

[13] 蓝武. 五代十国时期岭南科举考试研究[J]. 社会科学家，2004（5）：153-155.

[14] 陈鸣. 中国古代宗教园林的四个历史时期[J]. 上海大学学报（社科版），1992（1）：59.

[15] 许文芳，韦宝畏. 《葬书》作者及成书时代考辨[J]. 伊犁教育学院学报，2005（4）：8-10，28.

[16] 武伯纶. 唐代广州至波斯湾的海上交通[J]. 文物，1972（6）：2-8.

[17] 吴用强. 古代广西的城池研究[J]. 桂林师范高等专科学校学报，2008（2）：52-57.

[18] 刘丽. 唐代贬官与海南文化[J]. 咸阳师范学院学报，2010，25（5）：112-115.

[19] 范建红，陈烈，张勇，等. 岭南园林发展变迁的地理透视[J]. 热带地理，2006（1）：86-90.

[20] 刘管平. 岭南古典园林[J]. 广东园林，1985（3）：1-11.

[21] 曾昭璇. 南汉兴王府的土木工程[A]//中国古都学会. 中国古都研究（第七辑）——中国古都学会第七届年会论文集[C]. 中国古都学会，1989：18.

[22] 刘滨谊，唐真. 冯纪忠先生风景园林思想理论初探[J]. 中国园林，2014，30（2）：49-53.

[23] 胡大勇，王晓俊. 颍州西湖古今风景初探[J]. 现代园林，2006（8）：33-35.

[24] 庄义青. 宋代潮州古城的城市建设[J]. 韩山师专学报（社会科学版），1989（1）：12-18.

[25] 郭谦，李晓雪. 广州南汉宫苑药洲遗址保护与更新研究[J]. 风景园林，2016，10.

[26] 刘管平. 惠州西湖的形成及其园林特色[J]. 南方建筑，1981（1）：77-102.

[27] 刘管平. 关于风景名胜区和公园的规划设计问题——全国园林绿化学术会议，广东全省风景区规划会议综述[J]. 广东园林，1981，01：45-49，13.

[28] 汤静. 唐代李渤桂林题刻与桂林山水[J]. 中共桂林市委党校学报，2013，13（2）：68-71.

[29] 唐孝祥，冯惠城. 惠州西湖八景及其审美文化特征[J]. 中国名城，2016，（1）：92-96.

[30] 吴庆洲. 古代经验对城市防涝的启示[J]. 灾害学，2012，（3）：111-115，121.

[31] 吴庆洲. 惠州西湖与城市水利[J]. 人民珠江，1989，（4）：7-9.

[32] 陆元鼎. 南方地区传统建筑的通风与防热[J]. 建筑学报，1978（4）：36-41，63-64.

[33] 赵杏根. 宋代放生与放生文研究[J]. 上饶师范学院学报，2012，32（2）：53-59，91.

[34] 钟国庆，陈学年. 基于尊重自然和历史的肇庆市城市水系与水景观规划研究——从肇庆的古河道到"蓝宝石项链"[J]. 中国园林，2011，27（2）：44-49.

[35] 任渝燕. 唐代岭南地区的生存环境[J]. 文学界（理论版），2011（3）：135，153.

[36] 闻海娇. 桂林西湖的历史地理考察[J]. 桂林师范高等专科学校学报，2012，26（4）：64-71.

[37] 郭培忠. 古代的潮州[J]. 中山大学学报（自然科学版），1983（1）：137-141.

[38] 李炜民. 中国园林的本质[J]. 风景园林，2014（3）：78-80.

[39] 王劲韬. 中国古代园林的公共性特征及其对城市生活的影响——以宋代园林为例[J]. 中国园林，2011，27（5）：68-72.

[40] 毛华松. 论中国古代公园的形成——兼论宋代城市公园发展[J]. 中国园林，2014，30（1）：116-121.

[41] 李雪梅. 行政授权：宋代法规之公文样态——基于碑刻史料的研究[J]. 苏州大学学报（法学版），2017，4（1）：65-80.

[42] 李可. 论环境习惯法[J]. 环境资源法论丛，2006：27-40.

[43] 程泽时. 锦屏阴地风水契约文书与风水习惯法[J]. 民间法，2011：257-271.

[44] 王浩远，王超. 南宋闽籍诗人林（嶙）考[J]. 古籍整理研究学刊，2012（3）：60-63.

[45] 张益桂. 南宋《静江府城池图》简述[J]. 广西地方志，2001（1）：43-47.

[46] 陈维贤.《潮州西湖山志·石刻》校正[J]. 韩山师专学报（社会科学版），1990（1）：36-44.

[47] 潘莹，施瑛. 略论传统园林美学中的四种自然观[J]. 南昌大学学报（人文社会科学版），2009，40（6）：133-137.

[48] 黄挺. 宋元明清间潮州城的城市形态演化[J]. 韩山师范学院学报，2008（5）：1-7，62.

[49] 李志贤. 唐人宋神：韩愈在潮州的神话与神化[J]. 陕西师范大学学报（哲学社会科学版），2012，41（2）：166-171.

[50] 包伟民. 唐宋城市研究学术史批判[J]. 人文杂志，2013（1）：78-96.

[51] 王浩远，王超. 南宋闽籍诗人林嶙考[J]. 古籍整理研究学刊，2012，（3）：60-63. [2017-10-01].

[52] 曾新，曾昭璇.《永乐大典》卷一的三幅地图考释[J]. 岭南文史，2004（1）：45-51.

[53] 田耀全，尚阳. 谈借景及其在园林中的运用手法[J]. 科技创新导报，2008（33）：79.

[54] 张家璠. 唐宋时期桂林的风景建设与旅游[J]. 广西师范大学学报，1985（2）：71-78.

[55] 丁鼎. 牛僧孺年谱简编[J]. 烟台师范学院学报（哲学社会科学版），1993（2）：34-43，5.

[56] 渡边孝. 牛李党争研究的现状与展望[J]. 中国史研究动态，1997（5）：17-26.

[57] 冯纪忠. 组景刍议[J]. 中国园林，2010，26（11）：20-24.

[58] 黄文宽. 广州九曜石考[J]. 岭南文史，1983，（1）：141-142.

[59] 管汉晖，李稻葵. 明代GDP及结构试探[J]. 经济学（季刊），2010，9（3）：787-828.

[60] 孙筱祥. 风景园林（LANDSCAPE ARCHITECTURE）从造园术、造园艺术、风景造园——到风景园林、地球表层规划[J]. 中国园林，2002，（4）：8-13.

[61] 陈桥驿. 历史时期西湖的发展和变迁——关于西湖是人工湖及其何以众废独存的讨论[J]. 中原地理研究，1985（2）：1-8.

[62] 王丹丹. 园林的公共性——西方社会背景下公共园林的发展[J]. 建筑与文化，2015（2）：121-123.

[63] 孙筱祥. 艺术是中国文人园林的美学主题[J]. 风景园林，2005（2）：22-25.

[64] 任剑涛. 论现代公共与古典公共的不可逆关系[J]. 思想战线，2009，35（3）：32-37.

[65] 刘艺. 贵港东湖整治：投入一亿元 幸福一座城[N]. 广西日报，2010-12-02（005）.

[66] 杨旭乐. 从历史街区看贵港沧桑[J]. 当代广西，2014，（9）：54-55.

[67] 宋道发. 周敦颐的佛教因缘[J]. 法音，2000（3）：29-35.

[68] 谢浩，朱雪梅. 岭南建筑与庭园空间相结合的特色分析[J]. 上海建材，2007（4）：28-30.

五、译著、外国文献

[1] （美）刘易斯·芒福德（Lewis Mumford）. 城市发展史 起源、演变和前景[M]. 宋俊岭，倪文彦，译. 北京：中国建筑工业出版社，2004.

[2] （日）针之谷钟吉. 西方造园变迁史——从伊甸园到天然公园[M]. 邹洪灿，译. 北京：中国建筑工业出版社，1991.

[3] 马克思恩格斯选集：第1卷[M]. 中央编译局，译. 北京：人民出版社，1972.

[4] （德）马克思. 德意志意识形态，马克思恩格斯全集第三卷[M]. 第二版. 中央编译局，译. 北京：人民出版社，2002.

[5] （俄）舍尔巴茨基. 佛教逻辑[M]. 宋立道，舒晓伟，译. 北京：商务印刷馆，1997.

[6] （越）吴士连，编纂；黎僖，增补；（日）引田利章，校注. 大越史记全书[G]. （美）波士顿：哈佛大学汉和图书馆馆藏. （日）埴山堂本，1884.

[7] （法）谢和耐（Jacques Gernet）. 中国五—十世纪的寺院经济[M]. 耿升，译. 台北：商鼎文化出版社，1994.

[8] （法）谢和耐（Jacques Gernet）. 蒙元入侵前夜的中国日常生活[M]. 北京：北京大学出版社，2008.

[9] （英）李约瑟. 中国科学技术史[M]. 北京：科学出版社，2002.

[10] Karl Marx, Edited by David McLellan. Karl Marx Selected Writings[M]. Oxford: Oxford University Press, 2000.

[11] Dieter Kuhn, The Age of Confucian Rule: The Song Transformation of China[M]. Cambridge, Massachusetts: Belknap Press, 2009.

[12] Mark Edward Lewi, China`s Cosmopolitan Empire: The Tang Dynasty[M]. Cambridge, massachusetts: Belknap Press, 2012.

[13] Mark Edward Lewis.China between Empires[M]. Cambridge, Massachusetts: Belknap Press, 2011.